Mwongozo huu ni kwa kumbukumbu na heshima ya

Diti Hengchaovanich

Mhandisi wa utaalamu ardhi wa nchi

ya

Thailand

Chapa ya kwanza Kiswahili, 2009

Imechapishwa na Mtandao wa Kimataifa wa Vetiver
Jalada limetayarishwa na Lily Grimshaw

DIBAJI

MFUMO WA VETIVER
MASULUHISHO YALIYOTHIBITISHWA NA YA KIJANI KIBICHI YA KU-BORESHA MAZINGIRA

Mbali na mmea wa Vetiver, ni mimea michache iliyopo ulimwenguni ambayo ina sifa za kipekee za kuwa na manufaa mengi sana, kama vile kurekebisha mazingira, kutumika kwa urahisi na matumizi hayo kuwa na matokeo ya kupendeza. Kati ya mimea michache ambayo imejulikana na kutumika polepole kwa karne nyingi, ni nyasi Vetiver tu ambayo mara imeanza kutangazwa na kutumika katika sehemu nyingi duniani, ndani ya kipindi cha miaka ishirini iliyopita. na bado ni mimea michache zaidi ambayo imepata kuthaminiwa sana na kuitwa nyasi ya kimiujiza, nyasi ya maajabu, kama vile nyasi Vetiver inavyoitwa.Nyasi hiyo ina uwezo wa kufanya ukuta hai, kichungi hai na msumari hai wa kuimarisha pale inapopandwa.

Mfumo wa Vetiver (VS) umejigemeza katika matumizi ya mmea wa kipekee sana unaokua katika nchi za tropiki au zenye joto jingi- nao ni nyasi Vetiver-jamii ya *Vetiveria zizanioides* (jina la kitaalamu), hivi karibuni nyasi hiyo imeainishwa upya na kuitwa *Chrysopogon zizaniodes*. Mmea huu unaweza kukuzwa katika maeneo mengi sana yenye udongo na hali tofauti za anga, na iwapo unapadwa sawasawa kama inavyotakikana, unaweza ukatumiwa pahali popote pale pa tropiki, sehemu zinazopakana na tropiki na zile sehemu zenye hali za anga za kimediterenia. Mmea huu una sifa zinazobainika ambazo kwa ujumla ni za kipekee kwa spishi moja. Nyasi Vetiver ikikuzwa kama ua mwembamba wa safu ya miti unaojiendeleza, nyasi hizo hujionyesha sifa zake bainifu ambazo ni muhimu sana katika matumizi mbali mbali ambayo ndiyo yanayounda huo mfumo wa Vetiver.

Spish ya aina ya nyasi za *Chrysopogon zizaniodes* ambayo inakuzwa katika nchi kama mia moja hivi kwenye mifumo ya Vetiver (VS), asili yake ni Bara Hindi Kusini, ni tasa, haingilii mimea mingine na mbegu yake hupatikana kwa kuigawanya vifungu vufungu. Kwa kawaida, mtindo unaopendelewa na wengi ni kukuza mbegu hizo kwenye kitaru zikiwa na mizizi yake nje. Mbegu huwa na viwango mbalimbali vya kujizidisha lakini kile kiwango cha kawaida ni mbegu moja kutoa vimelea thelathini yaani 1:30 baada ya miezi mitatu hivi. Vifungu hivyo vya nasari hugawanywa kwa mikombo mitatu mitatu ili kupandikizwa, na hupandikizwa kwa kuachwa nafasi ya sentimeta kumi na tano kati ya kijifungu kimoja na kingine. Hupandwa hivyo kwenye mteremko ili nyasi hiyo inapokomaa ifanye kizuizi cha nyasi ngumu ambacho kinakaa kama kinga na kisambaza polepole maji yanayoteremka pamoja na kuchuja na kuzuia udongo uliomomonyoka. Ua mwafaka wa aina hiyo unaweza kukinga 70% ya maji ya mvua ambayo yangepotea bure na pia kuzuia 90% ya udongo uliomomonyoka. Ua wa nyasi hizo utadumu palepale tu ulipopandwa na udongo wote unaonaswa nao hukusanyika palepale na kufanya tuta la kudumu linalozuiwa na nyasi Vetiver. Ina gharama ya chini sana, na ni teknolojia ya nguvu kazi makini, ambayo faida yake ikilinganishwa na aina zingine za mifumo ya uhandisi unaotumika kwa kawaida, ili kukinga maji na udongo, mfumo wa Vetiver unafanya kazi za mifumo ishirini ya kawaida. Mainjinia wameilinganisha mizizi ya nyasi Vetiver na "msumari hai wa udongo", wenye nguvu wastani ya mtanuko ya 1/6 ya chuma cha pua cha kadiri.

Nyasi Vetiver inaweza kutumiwa moja kwa moja kama kitega uchumi cha zao la shambani, au inaweza kutumika kwa minajili ya kukinga bonde za mito na maeneo ya miinuko yanayogawa mito, dhidi ya uharibifu wa kimazingira, sana sana matatizo yanayohusiana na: 1) udongo kubebwa na maji, 2) kuzidi kwa virutubishi udongoni, na uchafuzi wa madini mazito, mabaki ya dawa za kuua wadudu waharibifu yaliyosalia udongoni pamoja sumu nyinginezo. Mambo hayo mawili yanaingiliana sana. Matokeo ya majaribio mengi sana ya matumizi kwa wingi ya Vetiver, ya miaka ishirini iliyopita, katika nchi nyingi pia yanaonyesha ya kuwa nyasi hii inafaa sana katika kudhibiti na kupunguza makali ya maafa ya kimaumbile (kama vile mafuriko, maporomoko ya ardhi, uharibifu wa kingo za barabara, kingo za mito, mabomba ya kunyunyiza mashamba maji, kumomonyoka kwa kingo za pwani ya bahari , kudhibiti maji na uimarishaji wa sehemu hizo kwa ujumla n.k),kutunza mazingira (kupunguza uchafuzi wa ardhi na maji, kutibu taka za mango na za majimaji, kuboresha udongo n.k) pamoja na matumizi mengi mengineyo.

Matumizi haya yote yanaweza kuadhiri kwa njia ya moja kwa moja au vinginevyo, maisha ya waakaji wanyonge wa sehemu za mashambani kwa kuyarekebisha mashamba yao yaliyoharibika, kuhifadhi unyevu ardhini, kwa zao la kuendeleza uchumi au kuzuia uharibifu wa barabara.

Mifumo ya Vetiver inaweza kutumiwa na sekta zote zinazohusika na maendeleo ya kijamii ya maeneo ya mashambani: pale inapofaa, matumizi yake yanapswa kuunganishwa na mipango ya kimaendeleo ya jamii wilayaani au hata katika maeneo makubwa zaidi. Sekta zote zikitumia mifumo hii, wazalishaji wote wa nyasi Vetiver wakubwa kwa wadogo watapata nafasi ya kutumia uzalishaji huo kama mradi wa kuzalisha pesa, iwe ni kutoa miche ya kupanda, kudhibiti miteremko isiporomoke na mahitaji mengineyo au iwe ni kuuza vifaa vitokanavyo na Vetiver kama vile vinavyosukwa kwa nyasi hizo, matandazo ya kuhifadhi unyevu udongoni, kuezekea, chakula cha mifugo na matumizi mengineyo. Kwa hiyo basi nyasi hii ni kama aina ya teknolojia ambayo ingeweza kuanzisha kwa kasi kupunguza umaskini kwa kiwango cha maana kwenye sehemu kubwa ya jamii. Teknolojia hii ianweza kumilikiwa na yeyote atakaye, na elimu hii hailipiwi chochote.

Hata hivyo uwezekano wa matumizi ya aina nyingi zaidi bado ni mkubwa sana na uhamasishaji wa matumizi yake unahitaji kufanywa kwa umma. Licha ya hayo bado kuna kusitasita na kutoamini juu ya faida na matokeo ya kutumia nyasi Vetiver. Wakati wowote kunapokuwa na matokeo mabaya baada ya matumizi ya nyasi hizo, ni kwa sababu mtumiaji huyo hakuelewa vizuri jinsi ya kufanya, wala sio ati mfumo huo ndio wenye walakini.

Kitabu hiki ni mwongozo mkamilifu, una maelezo ya kina na njia za utendaji hasa. Maelezo yake yanatokana na shughuli za Vetiver zinazoendelea huko nchini Vietnam na kwingineko duniani. Mapendekezo yake ya kiufundi na uchunguzi wake umejikita katika hali halisi ya kimaisha na changamoto na masuluhisho yake. Mwongozo huu unatarajiwa kutumika kwa wingi na watu wanaotumia na pia kutangaza mifumo ya Vetiver, na ni matu-maini yetu kwamba huu mwongozo utatafsiriwa katika lugha nyingi. Tunawashurukuru sana waandishi wake kwa kazi nzuri waliyoifanya!

Kwa mara ya kwanza mwongozo huu ulitolewa kwa lugha za Kivietnamu na Kiingereza, walakini nafasi ili-patikana ya kukitoa kwa Kivietnam tu kwanza. Sasa tayari vitabu vinatolewa kwa lugha ya Kiengereza na Kichina. Kuna ahadi za kutafsiri mwongozo huu kwa lugha za, Kifaransa, Kiswahili na Kihispania kwa siku za hivi karibuni.

Dick Grimshaw
Mwanzilishi Na Mwenyekiti WA Mtandao WA Vetiver Kimataifa

MATUMIZI YA MFUMO WA VETIVER
MWONGOZO WA MAREJELEO WA KIUFUNDI

Kutokana na ukaguzi wa kazi nyingi sana za uchunguzi wa matumizi ya Vetiver na matokeo yake, waandishi wa mwongozo huu walionelea kuwa wakati ulikuwa umewadia wa kukusanya na kuchapisha nakala mpya badala ya ile ya kwanza ya Banki ya Dunia iliyotolewa 1987, iliyoitwa: Nyasi Vetiver ua wa kuzuia mmomonyoko (ambacho kwa kawaida kiliitwa kitabu cha Kijani Kibichi), kilichotayarishwa na JOHN GREENFELD. Kitabu hiki kipya kina maelezo mengi zaidi ya matumizi mengine ya nyasi Vetiver. Baada ya kubalishana maoni waandishi waliungwa mkono mara moja na Mtandao wa Vetiver Kimataifa TVNI. Ikakubaliwa kuwa nakala za lugha ya Kivietnam na ya Kiingereza zichapishwe kwanza.

Mwongozo huu unajumuisha habari za kudhibiti udongo na kukinga kingo za barabara, kutibu na kuondoa maji taka yenye sumu, na kurejesha uwezo wa kukuza mimea wa maeneo yaliyochafuliwa. Sawa na kile kitabu cha kijani kibichi, mwongozo huu unaeleza jinsi kanuni za matumizi mbalimbali ya mifumo ya Vetiver. Mwongozo huu vile vile unajumuisha matokeo ya hivi karibuni zaidi ya kisayansi kwa yale matumizi yenye mifumo mingi sana ya ufanisi katika nchi mbalimbali za ulimwengu. Lengo kuu la mwongozo huu ni kuujulisha mfumo wa Vetiver (VS) kwa wasimamizi wa mipango ya kitaifa, wahandisi wasanii na watumizi watarajiwa wengineo ambao hawana habari za matokeo mazuri sana ya uhandisi hai na jinsi za urejeshaji wa uwezo wa kukuza mimea kwa udongo.

Paul Troung, Tram Tan Van Na Elise Pinners
Waandishi.

WAANDISHI

Dkt. Paul Truong.
Mkurugenzi wa Matandao wa Vetiver International, anasimamia Asia na eneo la Pasifiki vile vile ni mkurugenzi wa Veticon Consulting. Katika miaka 18 iliyopita ameongoza utafiti na kukuza matumizi ya mfumo wa Vetiver kwa madhumuni ya kuyalinda mazingira.Uanzilishi wake wa uchunguzi wa nyasi Vetiver na vile mmea huu unavyostahimili hali mbovu za mazingira, uchafuzi wa madini mazito na udhibiti wowote kwa ujumla, umeweka alama teule ya VS (Mfumo wa Vetiver) katika matumizi ya kuondoa taka sumu, kurekebisha migodi na kusafisha majitaka, kwa ajili hiyo ametambuliwa na kutuzwa mara kadhaa na Banki ya Dunia na pia mfalme wa nchi ya Thailand.

Dkt. Tran Tan Van
Ni mratibu wa Mtandao wa Vetiver nchini Vietnam (VNVN). Vile vile akiwa Makamu Mkurugenzi wa Taasisi ya Sayansi Ardhi na Mali Asili ya Madini katika nchi ya Vietnam (VGMR) ndiye msimamizi wa ushauri kuhusu upunguzaji wa makali ya maafa ya kimaumbile.Tangu ajulishwe habari za mifumo ya Vetiver miaka sita iliyopita amekuwa sio tu mtumizi maarufu sana wa mifumo hiyo bali pia kiongozi mwenye mikakati thabiti, mshirikishi wa Mtandao wa Vetiver Kimataifa nchini Vietnam (VNVN). Kwenye hiyo miaka sita amechangia pakubwa sana kuchukuliwa na kutumika kwa mifumo ya Vetiver nchini Veitnam, kwenye mikoa arubaini baina ya mikoa sitini na nne ya nchi hiyo, nyasi hiyo imetangazwa na wizara mbalimbali, mashirika yasiyo ya kiserikali na makampuni. Aliifahamu mifumo ya Vetiver kuanzia kwa kudhibiti chungu za mchanga kwenya fuo za bahari, sasa mifumo hiyo inajumuisha upunguzaji wa uharibifu wa mafuriko katika pwani na kwenye kingo za

mito, mahandaki ya kuzuia maji ya bahari. Mifereji ya kuzuia chumvichumvi ya bahari na mahandaki ya kuzuia maji ya mito, kukinga miteremko na kingo za barabara, mmomonyoko wa udongo na maporomoko ya ardhi na pia mifumo ya kupunguza uchafu wa udongo na wa maji. Alitunukiwa zawadi ya heshima sana ya Bingwa wa Vetiver na Mtandao wa Vetiver Kimataifa mwaka wa 2006 kwenye kongamano la nne la kimataifa la Vetiver, mjini Caracas nchini Venezuela.

Ir. Elise Pinners

Mkurugenzi mshirikishi wa Mtandao wa Vertiver Kimataifa, alianza matumizi ya mifumo ya nyasi Vertiver nchini Kameruni mnamo mwishoni mwa miaka ya tisini akifanya kazi na Wizara ya Kilimo pamoja na miradi ya ujenzi wa barabara. Tangu awasili nchini Vietnam mwaka wa 2001 akiwa mshauri wa VNVN amechangia sana maendeleo ya VNNV nchini humo na pia kimataifa, kwa ushauri wa utendaji, kuchangisha pesa za ufadhili na kwa kujulisha mifumo ya Vetiver kwa wahandisi wa pwani wa kidachi wanaojulikana ulimwenguni kote. Alishiriki katika uanzilishi wa mradi wa kwanza wa VNVN uliofadhiliwa na Ubalozi wa Ufamle wa Uholanzi, unaohusu udhibiti wa chungu za mchanga katika sehemu za Quang Bin na Da Nang. Kwenye mwaka mmoja u nusu uliopita alifanya kazi na shirika la kimataifa la Agrifood Consulting International (ACI) nchini Hanoi. Alikwenda Kenya katikati ya mwaka wa 2007, ni matumaini na nia yake kuendelea kuchangia uenezaji na maendeleo ya mifumo ya Vetiver.

Ingawa waandishi wote watatu walichangia aundishi na uhariri wa sehemu zote tano za mwongozo-mchango wao mahususi ni kama ifuatavyo:

*   Sehemu 1, 2, na 4   Paul Truong
*   Sehemu 3   Tran Tan Van
*   Sehemu 5   Elise Pinners.

SHUKRANI

Mtandao wa Vetiver wa Vietnam (VNVN) unatoa shukrani kwa Ubalozi wa Ufalme wa Uholanzi kwa kufadhili utayarishaji na uchapishaji wa mwongozo huu. VNVN pia inatoa shukrani kwa Chuo Kikuu cha Mali Asili Maji cha Hanoi kwa kufadhili uchapishaji na uenezaji wa makala ya lugha ya Kivietnam.

Nyingi za kazi za utafiti na kukuza mfuno wa Vetiver nchini Vietnam ambazo zimeripotiwa kwenye mwongozo huu zilifadhiliwa na shirika la Donner Foundation na la Wallace Genetic Foundation la Kimarikani, Ambertone Trust kutoka Uingereza na serikali ya Denmark, Ubalozi wa Ufalme wa Kiholanzi na Mtandao wa Vetiver Kimataifa. Hao wote tunawashukuru kwa dhati kwa kutufadhili na kututia moyo.

VNVN pia inashukuru kwa ukarimu wa Chuo Kikuu cha Can Tho hususan Profesa msimamizi Le Quang Minh, Chuo Kikuu cha Ho chi Minh Agro- Forestry, Wizara ya Mali Asili na Mazingira, na sanasana Vietnam Union of Science and Technological Associations (VUSTA) ambao walipangilia tathmini ya makala ya Kivietnam ya huu mwongozo. VNVN vile vile inawashukuru wazalishaji wote wa Vetiver kutoka mikoani kwa kuwaunga mkono kwa dhati na kuwatia moyo mkuu.

Habari za mwongozo huu zilitokana sio tu na shughuli za utafiti na kukuza mfuno wa Vetiver za waandishi bali pia kutokana kwa wana Vetiver wengine wa ulimwengu mzima, hasa wa kotoka Vietnam kwenye miaka hii michache ya hivi karibuni. Waandishi wanaitambua michango kutoka:
*   Australia : Cameron Smeal, Ian Pery, Ralph Ash, Frank Mason, Barbara na Ron Hart, Errol Copley, Bruke Carey, Darryl Evans, Clive Knowels–Jackson, Bill Steentsma, Jim Klein na Peter Pearce.
*   Uchina: Liyu Xu, Hanping Xia, Liao Xindi, Wenshing Shu

- Congo: (DRC) Dale Rachmeler, Alai Ndona
- India: P.Haridas
- Indonesia: David Booth
- Laos: Werner Stur
- Mali, Senegal na Morocco: Criss Juliard
- Netherlands: Henk-Jan Verhagen
- Ufilipino: Eddie Balbarino, Noah Manarang
- Afrika Kusini: Roley Nofke, Johnnie van den Berg
- Taiwan: Yue Wen Wang
- Thailand: Narong Chonchalow, Diti Hengchaovanich, Surapol Sanguankaeo, Suwanna Parisi, Rein hardt Howerler, Department of Land Development, Royal Project Development Board
- The Vetiver Network Inertnational: Dick Grimshaw, John Greenfeld, Dale Rachmeler, Criss Juliard, Mike Pease, Joan Miller, Jim Smyle, Mark Dafforn, Bob Adams
- Vietnam:
  - Agriculture Extention Center, Department of Agriculture and Rural Development, Quang Ngai   Province: Vo Thanh Thuy
  - Can Tho University: Le Viet Dung, Luu Thai Danh, Le Van Be, Nguyen Van Mi, Le Thanh Phong, Duong Minh, Le Van Hon
  - Ho chi Minh City Agro-forestry University: Pham Hong Duc Phuoc, Le Van Du
  - Kellogg Brown Root (KBR), main contractor of the AusAID-funded natural disaster mitiga tion project in Quang Ngai province: Ian Sobey
  - Thien Sinh and Thien An Co. LTD, main contractors for planting Vetiver grass along the Ho Chi Minh Highway: Tran Ngoc Lam Nguyen Tuan An

Vilevile, waandishi wangependa kuwashukuru Bi. Angeline Mdari na Kennedy Mwashako walio tafsiri na kuhariri nakala hii kwa Kiswahili.

YALIYOMO NDANI YA MWONGOZO

Mwongozo huu una sehemu tato kila moja ikijisimamia. Inawezekana kuwa sehemu moja yoyote ile kutumika kikamilifu kwa madhumuni ya kipekee kama inavyohitajika, walakini tunapendekeza kuwa daima sehemu ile ya kwanza uhusishwe, kwa vile zile sehemu nyingine zote huwa zinarejelea hali na tabia za Vetiver ambazo zinahusiana na matumizi mbalimbali. Pia inafa kujumuisha sehemu ya pili.

- Sehemu ya 1: Mmea wa Vetiver
- Sehemu ya 2: Jinsi ya kuzalisha Vetiver
- Sehemu ya 3: Mfumo wa Vetiver wa kupunguza makali ya mikasa na ukingaji wa barabara
- Sehemu ya 4: Mfumo waVetiver wa kuzuia na kutibu maji na ardhi iliyochafuka
- Sehemu ya 5: Mfumo wa Vetiver kwa kuzuia mmomonyoko mashambani na matumizi men gineyo

Kwa habari zingine zaidi za kina na zinazochipuka, kuhusu jambo lolote ndani ya mwongozo huu, tafadhali tumia mtandao **www.vetiver.org**

SEHEMU YA 1 – MMEA WA VETIVER

YALIYOMO

1. UTANGULIZI

Mfumo wa Vetiver (VS) ambao unategemea matumizi ya nyasi Vetiver (*Vetiveria zizaniodes* L Nash, sasa imeainishwa upya na kuitwa *Chrysopogon zizaniodes* L Roberty) kwa mora ya kwanza ilikuzwa na Banki ya Dunia kwa ajili ya kuhifadhi udongo na maji nchini India kwenye miaka ya kati ya mwongo wa 1980 ingawa bado matumizi hayo yanategemewa sana katika mikakati ya kilimo na usimazi wa ardhi, uchunguzi wa kisayansi wa utafiti na kukuza uliofanywa ndani ya miaka ishirini iliyopita umeonyesha waziwazi kwamba kwa maumbile na tabia zake za kipekee, sasa nyasi Vetiver inatumika katika ujuzi wa uhandisi hai kwa kudhibiti miteremko mikali,uondoaji wa maji taka, urekebishaji wa ukuaji wa mimea kwenye maeneo na maji yaliyochafuliwa pamoja na madhumuni mengineyo ya kukinga maringira.

Je! Mfumo wa Vetiver ukoje na hutumikaje?
Mfumo wa Vetiver (VS) ni mwepesi, kutumika, haugharimu, ni rahisi kuudumisha na ni njia mwafaka sana ya kuhifhadhi maji na udongo, kuzuia mashapo ya udongo, kuidhibiti na kuirejeshea ardhi hali yake ya awali kwa kuirudishia uwezo wa kukuza mimea.

Vetiver haidhuru mazingira kwa vile huzalisha kutokana na shina sio mbegu. Nyasi hii ikipandwa kwa mstari mmoja mmoja hukua na kutengeza ua madhubuti unaozuia vyema maji ya mvua kupita na kupotea bure, papo hapo ukizuia mmomonyoko wa udongo, kuhifadhi unyevu udongoni na kuzuia kuenea kwa kemikali kwa kuzinasa pahala pamoja. Ingawaje nyua zingine zinaweza kufanya hivyo, nyasi Vetiver ni bora zaidi kutokana na maumbile yake ya kipekee kama yatakavyofafanuliwa hivi punde, pamoja na hayo unene, uzito na kina kirefu cha mizizi ya Vertiver huushikilia udongo kabisa kabisa na kuuzuia usibebwe na maji hata yakiwa yanapita kasi jinsi gani. Hali kadhalika urefu huo wa mizizi yake ambayo hukua haraka sana huuwezesha mmea huu kustahimili ukame na kufaa kwa kudhibiti miteremko mikali.

Kitabu kidogo cha kijani kibichi au mwongozo wa matumizi nyanjani
Kitabu kidogo cha kijani kibichi ambacho hutumiwa na wafanyi kazi wa nyanjani ni nyongeza mwafaka sana kwa mwongozo huu.

Kijitabu hicho kilichapishwa kwa mara ya kwanza na Benki ya Dunia mwaka 1987na katika ukurasa iii kimeitwa "nyasi Vertiver-ua wa kuzuia mmomonyoko", au kwa jina la kawaida "kitabu kidogo cha kijani kibichi" kilichoandiwa na John Greenfield. Mwongozo hu una maelezo mengi zaidi ya kitaalamu juu ya mfumo wa Vetiver na kimewalenga mafundi sanifu, wataalamu wa elimu, wana mipangilio na maafisa wengineo wa serikali na waendelezaji ardhi.

Hata hivyo, kwa mkulima na mfanyi kazi wa nyanjani, kitabu kidogo cha kijani kibichi, ambacho kinaweza kikatoshea mfukoni mwake, ndio mwongozo umfaao zaidi.

2. TABIA MAALUMU ZA NYASI VETIVER

2.1 Tabia zake za kimaumbile
- Vetiver haina vikonyo wala rizomu. Mizizi yake ni mingi yenye nguvu na iliyoumbika vyema, inakua upesi sana, katika mifumo mingine mizizi hiyo inaweza kupenya ardhini kwa kina cha urefu wa meta 3 hadi 4 katika mwaka wa kwanza wa ukuaji. Urefu huu wa mizizi unaifanya nyasi Vetiver kustahimili ukame na pia kutoweza kungolewa kwa urahisi na maji yanayopita kasi.
- Mashina ya nyasi hizi ni magumu na hukaa wima na yanaweza kuzuia kiasi kikubwa tu cha maji yanayopita (tazama picha ya 1).
- Haishambuliwi na wadudu waharibifu wala magonjwa, pia nyasi hii haishiki moto haraka na ikichomeka huota tena kwa haraka (tazama picha ya 2).
- Nyasi ikipandwa karibu karibu imeapo hufanya ua wa nguvu wa kuzuia udongo laini unaobebwa na maji yapitayo na pia hueneza maji taratibu.
- Vichipuzi vyake vipya hutokea kutoka kwenye sehemu zake zilizo chini ya udongo kwa hiyo nyasi hii haiathiriki na moto, jalidi, uzito wa magari yapitayo barabarani au ulishaji wa mifugo kwa mfululizo.
- Mizizi mipya huota kutoka kwa vifundo vya mashina yake yanaponaswa mchangani na udongo uliobebwa na maji. Vetiver itaendelea kukua pamoja na udongo huo uliozuiliwa na baadaye kufanya matuta endapo udongo huo hautaondolewa.

Picha ya 1: Mashina magumu yakaayo wima yamefanya ua madhubuti kwa kuwa karibu karibu.

2.2 Tabia za ustimilifu wake
- Inastahimili hata mabadiliko makubwa sana ya hali ya nchi kama vile ukame wa muda mrefu sana, mafuriko, kufunikwa na maji na joto kali la kiwango cha -15°C hadi +55°C.
- Ina uwezo wa kukua tena kwa haraka baada ya kuathiriwa na ukame, jalidi, mazingira kuwa na umu nyu mwingi, pindi hali ya nchi inapobalika au umunyu unapogeuzwa kwa kutiwa kemikali mwafaka.

Picha ya 2: Vetiver iliyoponea kuungua moto uliochoma msitu. Ikikua tena miezi miwili baadaye.

Picha ya 3: Katika chungu za mchanga pwani ya Quang Binh. Ikiwa kwenye udongo wa umunyu mwingi mkoani An Gang.

Picha ya 4: Hukua kwenye udongo wenye asidi ya sulfati nyingi sana mahali paitwapo Tan An (kushoto) na katika udongo wenye alkali nyingi na magadi huko Ninh Thuan.

- Inastahimili utofauti mpana wa udongo kuwa na asidi au alkali yaani viwango vya pH kutoka 3.3. Hadi 12.5 bila ya kuhitaji urekebishaji wa udongo.
- Inastahimili matumizi ya viwango vya juu vya kemikali za wadudu waharibifu kwa mimea, na zile za kuharibu magugu.
- Ina uwezo mkubwa wa kufyonza virutubishi vilivyoyeyuka majini kama vile (nitrojeni) N na (fosfati) P na vilevile kuondoa madini mazito kwenye majitaka.
- Inastahimili kukua kwenye midia yenye ukali mwingi wa kiasidi, kialkali, umunyu magadi na magnesi.
- Inastahimili udongo wenye AL, Mn, na madini mazito kama As, Cd, Cr, Pb, Hg, Se, na Zn.

2.3 Jinsi nyasi inavyokaa kwenye mazingira yake

Ingawa Vetiver inastahimili udongo na hali ya nchi yenye mabadiliko makubwa kama ilivyoelezwa hapo awali, kwa vile ni nyasi ya kitropiki, nyasi hii haivumilii uvuli. Ikifunikwa na uvuli inavia kukua kwake na uvuli huo ukizidi utaimaliza nyasi hiyo baada ya muda.Kwa hiyo Vetiver hustawi vizuri zaidi katika mazingira wazi yasiyo na magugu, wakati wa kuanzisha ukuzaji wa Vetiver inapaswa kuzuia magugu. Kwenye udongo ulio rahisi kumomonyoka au usio imara kwanza Vetiver hupunguza mmonyoko, kisha inaimarisha udongo hasa katika sehemu za miteremko mikali kwa vile kwa kufanya hivyo unyevu na virutubishi vinahifadhika udongoni, baadaye mazingira hayo ya hapo hapo yaweza kustawisha mimea mingine ya kuota yenyewe au ya kupandwa. Kwa ajili ya tabia hiyo Vetiver inaweza kuitwa mmea mlezi wa maeneo yasiyo imara.

2.4 Vetiver inavyostahimili majira ya baridi

Ingawa Vetiver ni nyasi ya sehemu za tropiki, inaweza kuvumilia hali za nchi za baridi kali sana. Ikipigwa na jalidi sehemu zake za juu hufa au huacha kabisa kuendelea kustawi na kugeuka na kuwa na rangi ya zambarau walakini sehemu za chini kabisa pamoja na mizizi haifi. Nchini Australia Vetiver haikudhurika kwenye majira makali ya jalidi ya nyuzi -14°C na huku kaskazini mwa Uchina ilivumilia kwa muda kidogo kiwago cha baridi cha -22°C (-8°F). Huko Georgia Umarikani Vetiver ilistahimili kwenye udongo wa ubaridi wa -10°C walakini iliposhuka hadi -15°C ikafa. Uchunguzi wa hivi karibuni umeonyesha kuwa udongo wenye joto la nyuzi 25°C ndio unaofaa kabisa kwa ukuaji wa mizizi ya Vetiver, ingawaje hata katika 13°C mizizi iliendelea kukua. Ingawa ukuaji wa mashina yake ulikomeshwa na joto la 15°C (mchana) huku ukuaji wa mizizi ukaendelea kwa kiasi cha 12.6cm kwa siku, kwenye mchanga wenye joto la 13°C, kuoyesha kuwa Vetiver haikuwa imelala kwa kiwango hicho cha joto na ubashiri wa kutumia tarakimu hizo unaelekeza kuwa kulala kwa mizizi yake kuli tokea katika kiwango cha kiasi cha 5°C (Tazama mchoro wa 1).

2.5 Muhtasari wa namna ya kubadilika kwa Vetiver kulingana na hali

Jedwali la kwanza linaloonyesha muhtasari wa mabadiliko ya Vetiver.

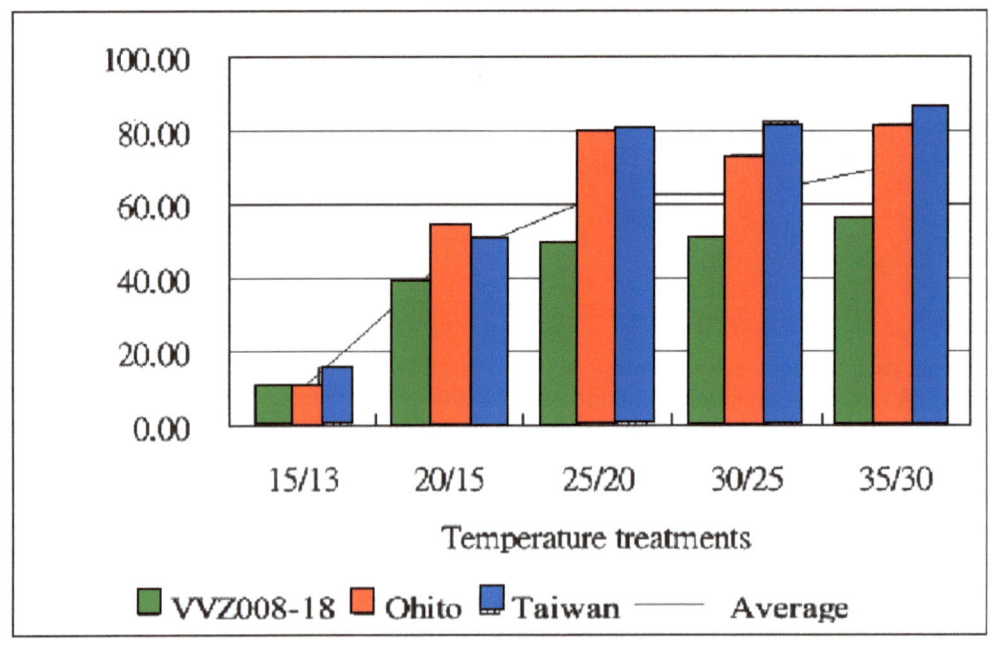

Mchoro wa 1: Athari za hali joto ya udongo kwa ukuaji wa mizizi ya Vetiver.

Jedwali la 1: Mabadiliko ya nyasi Vetiver kulingana na hali mbali mbali nchini Australia na kwing ineko.

Hali na tabia	Australia	Kwingineko
Hali ngumu za udongo		
Uasidi (pH)	3.3-9.5	4.2 – 12.5 (myeyuko wa hali ya juu Al)
Umunyu (mazao kupungua kwa 50%)	17.5mScm^{-1}	
Umunyu (iliyostahimili)	47.5 mScm^{-1}	
Kiwango cha Alumini (Al %)	Kati ya 68%-87%	
Kiwango cha maganisi	>578 mg kg^{-1}	
Umagadi	48% (kubalishwa na Na)	
Umagnesi	2400 mg kg^{-1} (Mg)	
Mbolea		
Vetiver inaweza kukuzwa kwenye udongo wa hali duni ya mbolea kwa sababu ya uwezo wake wa kujiunga na mikoriza	N na P (300 kg/ ha DAP)	N na P, mbolea ya shamba.
Madini mazito		
Arseniki (As)	100-250 mgkg^{-1}	
Kadmia (Cd)	20 mg kg^{-1}	
Shaba (Cu)	35-50 mgkg^{-1}	
Kromu (Cr)	200-600 mgkg^{-1}	
Nikeli (Ni)	50-100 mgkg^{-1}	
Hidrajiri (Hg)	>6 mgkg^{-1}	
Risasi (Pb)	>1500 mgkg^{-1}	
Saliniamu (Se)	>74 mgkg^{-1}	
Zinki (Zn)	>750 mgkg^{-1}	
Pahali	15° kusini hadi 37° kusini	41° kaskazini - 38° kusini
Hali ya nchi		
Kiasi cha mvua mwakani (mm)	450-4000	250-5000
Jalidi (joto la ardhi)	-11°C	-22° C
Wimbi joto	45°C	55° C
Ukame (mvua isiyotosha)	miezi 15	
Ladha /Uliwaji wake	Inalishwa ng'ombe wa maziwa, ng'ombe wote, farasi, sungura, kondoo, kangaruu	Ng'ombe, mbuzi, kondoo, nguruwe, kambare mamba (aina ya samaki mkumbwa).
Viwango vya lishe	N =1.1% P = 0.17% K =2.2%	Protini mbichi 3.3% Futa bichi 0.4% Unyuzi mbichi 7.1%

Uainishaji: VVZ008-18, Ohito, na Taiwan, hizo mbili ni sawa na Sunshine. Kiwango cha joto: mchana 15˚C, usiku 13˚C (PC: YW Wang)

2.6 Tabia za jeni

Aina tatu za Vetiver zinazotumika kwa madhumuni ya kukinga mazingira.

2.6.1 Vetiveria zizaniodes L. ambayo imeainishwa upya: Chrysopogon zizanioides L.

Kuna aina mbili za Vetiver ambazo asili yake ni Bara Hindi. *Chrysopogon zizaniodes* na *Chrysopogon awsonii*. *Chrysopogon zizanioides* ina namna nyingi tofauti tofauti za kuongezeka. Kwa kawaida nyasi zilizotoka Hindi Kusini zimekuzwa na zina mizizi mikubwa na yenye nguvu. Kuongezeka kwao huwa ni kwa aina ya Kipoli-ploidi na mara nyingi huwa tasa na hivyo basi haziingilii mimea mingine. Aina ile ya kutoka Hindi Kaskazini ambayo inapatikana sana kwenye mabonde ya mito Ganges na Indus hukua porini na mizizi yake ni hafifu kidogo. Aina hizi ni za kidiploid na zinajulikana kumea kama magugu hata kama si mno kuingilia mimea mingine. Hizo aina za nyasi kutoka Hindi Kaskazini hazipendekezwi katika mfumo wa Vetiver. Ijulikane kwamba uchunguzi takribani wote uliofanywa wa matumizi ya Vetiver pamoja na majaribio ya nyanjani yamehusu nyasi za Hindi Kusini ambazo ni za jeni moja na Monto na Sunshine. Uchunguzi wa DNA unathibitisha kuwa kiasi cha 60% ya Chrysopogon izanioides kilichotumika kwa uhandisi hai na urekebishi wa uwezo wa kukuza mimea kwenye sehemu za Tropiki na maeneo ya kandokando yake ni ya jeni sawa na aina za Monto na Sunshine.

2.6.2 Chrysopogon nemoralis

Hi spishi ya kiasili ya Vetiver inakua kwa wingi katika milima ya nchi ya Thailand, Laos, Vietnam na bila shaka huko Cambodia na vile vile Myanmar. Sana sana huko Thailand hutumika kwa kuezekea spishi hii si tasa. Tofauti kubwa kati ya C. nemoralis na C. zizanioides ni kuwa hii ya pili ina mashina marefu na yenye nguvu zaidi, tena mizizi yake ni minene na hudidimia udongoni kina kirefu zaidi, na majani yake ni mapana zaidi na yenye rangi ya kijani kibichi majimaji katikati kama inavyoonekana katika picha 5-8.

Picha ya 5: Majani ya Vetiver: Kushoto - *C. zizanioides*. Kulia - *C. nemoralis*.

Ingawa *C. nemoralis* haina manufaa kama *C. zizanioides*, wakulima vile vile wameshatambua faida zake katika kuhifadhi udongo; wameitumia katila milima ya kati nchini ya Vietnam ya kati kama vile Quang Ngai ili kudhibiti mahandaki katika mashamba ya mpunga (Tazama picha ya 9).

Picha ya 6: Vichipuzi vya Vetiver: Kushoto, *C. nemoralis.* **Kulia,** *C. zizanoides.*

Picha ya 7: Tofauti kati ya mizizi ya *C. zizanoides* **(juu) na** *C. nemoralis* **(chini).**

Picha ya 8: Mizizi ya Vetiver ikiwa udongoni (kushoto na katikati) ikiwa majani (kulia).

Picha ya 9: *Chrysopogon nemoralis*, huko Quang Ngai.

Picha ya 10: *Chrysopogon nigritana* nchini Mali, Afrika Magharibi.

2.7 Uwezekano wa kuwa gugu

Miche ya Vetiver iliyotolewa kutoka kwa Vetiver ya Hindi Kusini haiwi gugu: haitoi rizomu wala shina ukoka inabidi zizalishwe kwa wichemimea kwa kugawanya vifungu vidogo vidogo vyenye kichwa na mizizi. Ni sharti kuwa mimea wowote unaotumika kwa shughuli za uhandisi hai hautakuwa gugu katika mahali ulikopandwa ndio maana miche ya aina za Vetiver (kama vile Monto, Sunshine, Karnataka, Fiji na Madupatty) kutoka Hindi Kusini zinafaa sana kwa matumizi hayo. Nchini Fiji ambako Vetiver ilianza kukuzwa kwa zaidi ya miaka 100 iliyopita, kwa madhumuni ya kuezekea, imetumika pia kwa kuhifadhi maji na udongo katika kilimo cha miwa ya utoaji sukari kwa zaidi ya miaka 50 bila kuonyesha ishara yoyote ya uvamizi wa magugu. Nyasi Vetiver in- aweza kuharibiwa haraka sana na unyunyizaji wa madawa kama 'Glyphosate' (Roundup) au kwa kuikata nyasi chini ya kichwa.

3. HITIMISHO

Kwa ajili ya ufupi wa kimo na mizizi ya *C. nemoralis*, Nyasi hiyo haifai kwa kudhibiti miteremko mikali. Zaidi ya hayo hapana uchunguzi wowote uliofanya juu ya uwezo wake wa kutibu maji taka, kurejesha uwezo wa ukuaji mimea kwa udongo, kwa hiyo basi inapendekezwa kuwa ni *C. zizanioides* pekee itumike kwa matumizi yaliyooorodheshwa ndani ya mwongozo huu.

4. MAREJELEO

Adams, R.P., Dafforn, M.R. (1997). DNA fingerprints (RAPDs) of the pantropical grass, *Vetiveria zizanioides* L, reveal a single clone, "Sunshine," is widely utilised for erosion control. Special Paper, The Vetiver Network, Leesburg Va, USA.

Adams, R.P., M. Zhong, Y. Turuspekov, M.R. Dafforn, and J.F.Veldkamp. 1998. DNA fingerprinting reveals clonal nature of *Vetiveria zizanioides* (L.) Nash, Gramineae and sources of potential new germplasm. Molecular Ecology 7:813-818.

Greenfield, J.C. (1989). Vetiver Grass: The ideal plant for vegetative soil and moisture conservation. ASTAG - The World Bank, Washington DC, USA.

National Research Council. 1993. Vetiver Grass: A Thin Green Line Against Erosion. Washington, D.C.: National Academy Press. 171 pp.

Purseglove, J.W. 1972. Tropical Crops: Monocotyledons 1. New York: John Wiley & Sons.

Truong, P.N. (1999). Vetiver Grass Technology for land stabilisation, erosion and sediment control in the Asia Pacific region. Proc. First Asia Pacific Conference on Ground and Water Bioengineering for Erosion Control and Slope Stabilisation. Manila, Philippines, April 1999.

Veldkamp. J.F. 1999. A revision of Chrysopogon Trin. including *Vetiveria Bory* (Poaceae) in Thailand and Melanesia with notes on some other species from Africa and Australia. Austrobaileya 5: 503-533.

SEHEMU YA 2 - NJIA ZA KUZALISHA VETIVER

YALIYOMO

1. UTANGULIZI

Kwa vile mengi ya matumizi ya Vetiver yanahijati upanzi wa mbegu nyingi sana ni muhimu sana kuwa mbegu hizo ziwe za hali ya juu ili ufanisi upatikane katika mfumo huo wa Vetiver (VS). Vinahitajika vitaru venye kutoa kiasi kikubwa cha mbegu bora na zisizo na gharama kubwa.Upandaji wa mbegu *C. zizanioides* pekee ambayo ni tasa utazuia uwepo wa magugu ya aina ya Vetiver kwenye sehemu inakopandwa. Uchunguzi wa DNA unathibitisha kwamba mbegu za aina hii tasa ya Vetiver inayotumika ulimwenguni kote inafanana na ile ya Sunshine na Monto na aina hizi mbili asili yao ni Hindi kusini. Kwa ajili ya utasa wake aina hii ya Vetiver ni lazima izalishwe kiwichemimea.

2. VITARU VYA VETIVER

Kitaru ndicho chanzo cha kuzalisha mbegu za Vetiver.Vigezo, vifuatavyo vitarahisisha uimarishaji wa vitaru mwafaka vilivyo rahisi kuviendesha.

- **Aina ya udongo**: Udongo wa tifutifu wenye changarawe kiasi unafaa wa ajili ya kurahisisha uvunaji wa mbegu bila kuharibu sana mizizi na vichwa vyao.Aina ya udongo wa mfinyanzi haufai.
- **Topografia au mandhari**: Kunahitajika mteremko kidogo tu ili kuzuia maji kusimama endapo maji yatanyunyiziwa kuzidi, hali hiyo itaviza ukuaji wa mbegu. Ingawa hivyo Vetiver iliyokomaa hustahimili maji yaliyosimama udongoni.
- **Uvuli:** Panapendekezwa pahali palipo wazi kwa vile uvuli huathiri ukuaji wa Vetiver .Uvuli unaokubalika ni wa baadhi ya sehemu tu za vitaru. Vetiver ni aina ya mmea wa C4 na unapenda jua kwa wingi
- **Mpangilio wa upanzi:** Vetiver inastahili kupandwa kwa mistari mirefu iliyonyooka mkato wa mteremko ili kurahisisha uvunaji wake kwa mashine.
- **Namna ya uvunaji:** Mimea iliyokomaa inaweza kuvunwa kwa mkono au kwa mashine. Mashine inapaswa kung'oa mimea sentimeta 20-25 (au inchi 8-10) chini ya udongo. Kwa kuzuia uharibifu wa vichwa vya mmea, itumike plau moja ya "mouldboard" au plau ya diski iliyorekebishwa spesheli kwa shughuli hiyo.
- **Jinsi ya kunyunyizia maji:** Unyunyizaji wa juu kwa juu unafaa sana kwa kusambaza maji sawa sawa mimea inapokuwa michanga. Nyasi ikiendelea kukomaa huhitaji unyunyizaji wa mafuriko.

- **Kufundisha wafanyi kazi:** Ili kufanikisha na kustawisha nasari ni sharti kabisa kuwe na wafanyi kazi waliofunzwa na kufuzu barabara.
- **Mashine ya upandaji:** Mashine iliyobadilishwa ili kuwa maalumu kwa kupanda mbegu au kwa kupandikiza miche inaweza kufanya hivyo kwa kiasi kikubwa kwenye nasari.
- **Kupatikana kwa mashine za kilimo:** Mashine za kawaida zinahitajika kwa utayarishaji wa nasari, kupalilia na kuondoa magugu, kukata nyasi na kuvuna Vetiver.

Picha ya 1: Kushoto: kupanda kwa mashine. Kulia: kupanda kwa mkono.

3. NJIA ZA UZALISHAJI

Kuna njia nne za kawaida za kuzalisha Vetiver nazo ni:
- Kugawanya mikombo kutoka kwa fungu la Vetiver iliyokomaa ambayo imetoa mizizi inayoonekana wazi na i tayari kwa kupandwa moja kwa moja au kwenye mifuko ya plastiki.
- Kutumia sehemu mbalimbali za Vetiver ili kupata mbegu.
- Kuzidisha vitumba au kuzalisha kwa mikro kwa ajili ya upandaji kwa wingi kwenye maeneo makubwa.
- Ukuzaji wa tishu yaani kutumia utaalamu wa kutoa mbegu kutokana na sehemu ndogo ya mmea husika.

3.1 Kugawanya mafungu ya mmea uliokomaa kwa vijifungu vidogo vidogo ili vitoe mizizi

Kugawanya mikombo kutoka kwa mmea ulikomaa kwahitaji uangalifu ili kila kijifungu kiwe na angalau vichipuzi vitatu na sehemu ya kichwa. Baada ya kugawanywa kila kijifungu kinakatwa ili kibakie na urefu wa 20cm (au inchi 8) (mchoro wa 1). Kisehemu kinachobakia chenye ishara za mizizi inayotokea kinaweza kikatumbukizwa kwenye michanganyiko mbalimbali, kama vile homoni za kustawisha mizizi, tope laini la samadi ya ng'ombe au farasi, tope la udongo wa mfinyanzi, au kwenye vidimbwi vidogo vidogo vya maji, hadi mizizi mipya itokeze kabisa. Ili kuharakisha ukuaji wa 'miche' mbegu hizi zinapaswa kuwekwa katika hali ya umajimaji na juani hadi wakati upandikizaji - picha ya 2.

3.2 Kuzalisha Vetiver kutokana na sehemu zake

Kuna sehemu tatu za Vetiver zinazotumika kuzalishia (picha ya 3 na 4).
- Vichipuzi
- Vichwa; hizi ni zile sehemu ngumu zinazopatikana kati ya mashina na mizizi.
- Shina lenye fundo (kikonyo).

Mchoro wa 1: Jinsi ya kugawanya vijifungu vya Vetiverr.

Shina la Vetiver ni la mango, zito na gumu;lina mafundo dhahiri yatoayo vitumba vinavyoweza kutoa vichipuzi na mizizi mara tu vikiwa kwenye hali ya unyevunyevu. Vipande vya shina vikilazwa au kusimamishwa kwenye kungugu au udongo wenye unyevu vitaota mizizi na vichipuzi haraka sana kwenye vifundo.Chuo cha Le Van Du, Agro Forestry University, Mjini Ho Chi Minto kilianzisha hatua nne zifuatazo za kuzalisha Vetiver kwa kukatakata mashina yake kama ifuatavyo:

- Katakata mashina ya Vetiver.
- Rashia mbegu hizo ulizozikatakata kwa maji ya mmumunyo wa hyacinth wa nguvu ya 10%.
- Funika mbegu hizo kabisa kabisa kwa mifuko ya plastiki na uziache hivyo kwa masaa 24.
- Tumbukiza kweye tope laini la samali au udongo wa mfinyanzi na uzipande kwenye nasari iliyotayarishwa.

Picha ya 2: Kushoto: vijifungu vyenye mizizi wazi tayari kupandwa. Kulia: vinatiwa kwenye tope laini la samadi au udongo wa mfinyanzi.

3.2.1 Kukatakata mashina ya Vetiver
Mbegu za mashina ya Vetiver:
Chagua mashina yaliyokomaa yenye vifundo na vitumba vingi zaidi. Katakata kwa sehemu zenye urefu wa 30-50 mm (au inchi 1-2), hakikisha kuwa sehemu ya chini ya kifundo urefu wake ni 10-20 mm, bambua majani makavu yanayokifunika. Tarajia kutokeza kwa vichipuzi vipya wiki moja baada ya kupanda.

Mikombo ya Vetiver:
- Chagua mikombo yenye majani walau matatu au manne yaliyoumbika sawasawa.
- Tenganisha mikombo kwa uangalifu, ukihakikisha kuwa ina shina kamili na baadhi ya mizizi.

Vichwa vya Vetiver:
Kichwa hicho ndicho sehemu ya chini ya Vetiver iliyokomaa na ni kutoka hapo vichipuzi vipya huota. Tumia sehemu ya juu tu ya kichwa kilichokomaa.

Picha ya 3: Kushoto: mikombo mipevu na kulia: mikombo michanga.

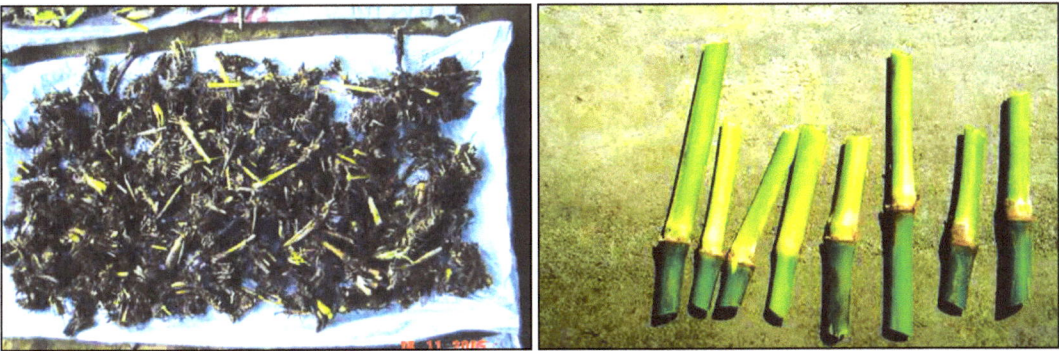

Picha ya 4: Kushoto: vichwa vya Vetiver. Kulia: vipandevipande vya shina la Vetiver vyenye vifundo.

3.2.2 Kutayarisha mmumunyo wa hyacinth

Mmumunyo huo una homoni nyingi pamoja na kemikali za kudhibiti ukuaji, pamoja na asidi ya gibberellic na kemikali nyingi za Indol-Acetic compounds (IAA). Ili kutayarisha homoni za kuendeleza ukuaji wa mizizi ya mmea huu kutoka kwa gugu maji (water Hyacinth) utafanya hivi:

- Kusanya gugu maji kutoka maziwani au miferejini.
- Itie mimea uliyoikusanya kwenye mifuko ya plastiki ya lita ishirini na uifunge ndii.
- Iwache mifuko hiyo kwa mwezi mmoja hadi mimea ioze.
- Ondoa na utupe sehemu ngumu na ubakie mmumunyo tu!
- Uchuje mmumunyo na uuweke pahali penye ubaridi hadi wakati utakapoutumia.

3.2.3 Kutibu na kupanda

Picha ya 5: Kushoto: kurashia mbegu za mashina yaliyokatwakatwa na mmumunyo wa gugu maji wa nguvu ya 10%. Kulia: mbegu zimefunikwa kabisa kabisa kwa mifuko ya plastiki ili kuachwa kwa masaa 24.

3.2.4 Manufaa na hasara za kutumia mikombo na mbegu za mashina yaliyokatwa
Manufaa:
- Ni njia fanisi, ya gharama ndogo, na ya haraka kwa kutayarisha mbegu.
- Mbegu hizi hata zikiwa nyingi hazihitahitaji nafasi kubwa na hivyo kupunguza gharama za usafirishaji.
- Ni rahisi kupandwa kwa mkono.
- Mbegu zinaweza kupandwa kwa wingi kwa mashine.

Picha ya 6: Mmea uliopandwa na mbolea kwenye nasari mwafaka.

Hasara:
- Ni rahisi sana kwa mbegu kukauka na kuathiriwa na viwango vinavyozidi vya hali ya joto.
- Lazima ziwekwe palepale kwa muda uliowekwa tu baada ya kutayarishwa.
- Zinahitaji kupandwa kwenye udongo wenye unyevu.
- Zinahitaji kunyunyiziwa maji mara kwa mara kwenye wiki chache za kwanza baada ya kupandwa.
- Zinapendekezwa kupandwa katika nasari zilizo karibu na maji ya kunyunyizia mbegu.

3.3 Kuzidisha vitumba au kuzalisha kimikro
Dkt Le Van Be wa Chuo Kikuu cha Can Tho, mjini Can Tho katika nchi ya Vietnam amebuni njia rahisi kwa utendaji ya kuzidisha vitumba. (Le Van Be na wengineo 2006). Huo mtindo wake una hatua nne za kuzalisha kimikro, na hatua zote zinafanyika ndani ya midia ya umajimaji:
- Kusababisha vitumba vifanyike kwenye vifundo.
- Kuzidisha vichipuzi vipya.
- Kufanya mizizi iote kwenye vichipuzi vipya.
- Kuendeleza ukuaji uvulini na katika nyumba za vioo.

3.4 Kuzalisha kwa tishu
Matumizi ya tishu ni namna nyingine ya kuzalisha mbegu za Vetiver kwa wingi kwa kutumia sehemu maalumu za mmea huo (kama vile ncha ya mzizi shaziua changa, kitumba cha kifundo). Utaratibu huo unatumiwa sana na viwanda vya kilimo bustani vya kimataifa. Ingawa mabara mbali mbali yanatofautiana kidogo, utaratibu unaofuatwa kwa kuzalisha kwa tishu ni huo huo, kwamba inatumika sehemu ndogo sana ya tishu, inatiwa katika midia maalumu kwenye mazingara yasiyo na viini vya ugonjwa wowote, kisha vimea vidogo sana vinavyotokeza vinaondolewa humo na kutiwa ndani ya midia nyingine viendelee kukua hadi viwe miche ifaayo kupandikizwa. Maelezo zaidi yanapatikana katika Truong (2006).

4. KUTAYARISHA VIFAA VYA UPANZI

Ili kuongeza kiasi cha mbegu zitakazostawi kwenye mazingara magumu, baaada ya kuzitayarisha mbegu kwa njia zilizoelezwa hapo juu au kwa kupanda vijifungu vilivyokomaa, zinaweza kupandwa kwa njia hizi:
- Mifuko ya plastiki au bomba za plastiki.
- Ukanda wa kupandia.

4.1 Mifuko au bomba za plastiki

Vimea au mikombo inapandwa ndani ya vyungu vidogo au mifuko midogo ya plastiki yenye udongo na mbolea iliyochanganywa nusu kwa nusu. Mimea inaachwa humo kwa majuma 3 hadi 6 kulingana na hali joto ya mazingira. Vikitokeza angalau vichipuzi vitatu basi inakuwa wazi kwamba mbegu iko tayari kupandwa.

Picha ya 7: Kushoto: mbegu zikiwa ndani ya bomba za mipira. Kati: mimea ikitiwa kwenye mifuko ya plastiki. Kulia: mimea ndani ya mifuko ikiwa tayari kupandwa.

4.2 Ukanda wa kupandia

Kanda hizi ni aina za mifuko ya plastiki iliyobadilishwa. Badala mfuko mmoja mmoja, mikombo au mbegu za mashina yaliyokatwakatwa zinapandwa karibu karibu katika mfuko maalum ambao utarahisisha ubebaji na upandaji. Aina hii ya upanzi inapunguza gharama hasa ya kupanda Vetiver kwenye maeneo magumu kama vile miteremko mikali na mbegu zake hustawi kwa wingi zaidi kwa vile mizizi yao hubakia imeshikamana pamoja.

Picha ya 8: Kushoto: kanda za kupandia. Kati: baada ya kuondolewa kwenye kanda. Kulia: tayari kupandwa.

4.2.1 Faida na hasara za mifuko ya plastiki na kanda za kupandia
Faida:
- Mimea inakuwa na uwezo wa kutoathirika na hali joto ya juu na kiasi kidogo cha unyevu.
- Haihitaji kunyunyiziwa maji kwa wingi sana inapopandwa.

- Inaweza kubakia huko huko iliko kwa muda mrefu zaidi kabla ya kupandwa.
- Njia hizi zinapendekezwa kwa mazingira magumu.

Hasara:

- Ina gharama kubwa zaidi.
- Matayarisho yanahitaji muda mrefu zaidi wa majuma manne hadi matano au hata zaidi.
- Gharama ya usafirishaji inazidi kwa uzani ulioongezeka.
- Kama mimea haikupandwa ndani ya wiki moja baada ya kupelekwa inakotakikana, gharama ya kuikimu nayo hupanda.

5. VITARU (NASARI) NCHINI VIETNAM

Vitaru vya Vetiver vimeanzishwa na kufanikiwa katika maeneo yote ya Vietnam.

Picha ya 9: Kushoto: Kusuni mwa nchi. Kulia: katika Chuo Kikuu cha Can Tho mkoa wa An Giang.

Picha ya 10: Kushoto: kusini ya kati eneo la Quang Ngai. Kulia: eneo la Binh Phuoc.

Picha ya 11: Kushoto: kaskazini kati, Quang Binh. Kulia: kando kando ya Barabara Kuu ya HCM.

Picha ya 12: Kushoto: kaskazini eneo la Bac Ninh. Kulia: eneo la Bac Giang.

6. MAREJELEO

Charanasri U., Sumanochitrapan S., and Topangteam S. (1996). Vetiver grass: Nursery development, field planting techniques, and hedge management. Unpublished paper presented at Proc. First International Vetiver Conf., Thailand, 4-8 February 1996.

Lê Văn Bé, Võ Thanh Tân, Nguyễn Thị Tố Uyên.(2006). Nhân Giong Co Vetiver (*Vetiveria zizanioides*). Regional Vetiver conference, Can Tho University, Can Tho, Vietnam.

Lê Văn Bé, Võ Thanh Tân, Nguyễn Thị Tố Uyên (2006). Low cost micro-propagation of vetiver grass Proc. Fourth International Vetiver Conference, Caracas, Venezuela, October 2006.

Murashige T., and Skoog F. (1962) A revised medium for rapid growth and bio assays with tobacco tissue cultures. Physiologia Plantarum 15: 473-497.

Namwongprom K., and Nanakorn M. (1992). Clonal propagation of vetiver in vitro. In: Proc. 30th Ann. Conf. on Agric., 29 Jan-1 Feb 1992 (in Thailand).

Sukkasem A. and Chinnapan W. (1996). Tissue culture of vetiver grass. In: Abstracts of papers presented at Proc. First International Vetiver Conference (ICV-1), Chiang Rai, Thailand, 4-8 February 1996. p. 61, ORDPB, Bangkok.

Truong, P. (2006). Vetiver Propagation: Nurseries and Large Scale Propagation. Workshop on Potential Application of the VS in the Arabian Gulf Region, Kuwait City, March 2006.

SEHEMU YA 3 - MFUMO WA VETIVER KWA KUPUNGUZA MAAFA YA KI-MAUMBILE NA KUKINGA MIUNDO MSINGI

YALIYOMO

1. AINA ZA MAAFA YA KIMAUMBILE ZINAZOWEZA KUPUNGUZWA MAKALI KWA MATUMIZI YA MFUMO WA VETIVER (VS)

Kando na mmonyoko wa udongo (VS) mfumo wa Vetiver unaweza kupunguza na hata kuondoa kabisa aina nyingi za maafa ya asili kama vile maporomoko ya ardhi, maporomoko ya matope, udhibiti wa kingo za barabara na mmonyoko wa kingo za mito, mifereji, pwani, mahandaki na vidimbwi vya kuchimbwa.

Mvua inaponyesha sana na kujaza maji kwenye udongo na mawe, maporomoko ya ardhi na vitu vinginevyo yanaweza kutokea katika sehemu nyingi za milima milima nchini Vietnam. Mifano ni kama yalivyotokea maporomoko makubwa ya ardhi, ya vifusi na mafuriko ya ghafla katika wilaya ya Muong Lay mkoa wa Dien Bien (1996), na pia maporomoko ya ardhi kwenye mwanya wa Hai Van (1999) ambayo yalikatiza mawasiliano kati ya kaskazini na kusini mwa nchi kwa zaidi ya majuma mawili na kugharimu zaidi ya dola millioni moja za Kimarikani kurekebishwa. Maporomoko mabaya zaidi ya Vietnam, yaani yale yaliyo na ukubwa wa meta milioni moja mchemraba kama ya ziwa la Thiet Dinh wilayani Hoai Nhoh katika mkoa wa Binh Dinh, katika halmashauri ya An Nghiep na An Lin wilaya ya Tuy An mkoa wa Phu Yen, yalisababisha vifo vya watu na uharibifu wa mali.

Mmonyoko wa kingo za mito na pwani na uharibifu wa mahandaki ni matokeo ya wakati wote nchini Vietnam. Mifano ya waziwazi ni kumomonyoka kwa kingo za mto Phu Tho eneo la Hanoi na katika mito mingineyo Vietnam ya kati (nayo ni Thua Thien Hue, Quang Nah, Quang Ngai na Binh Dinh). Mmonyoko wa pwani wilayani Hai Hau mkoa wa Nam Dinc na kingo za mto pamoja na pwani ya delta ya mto Mekong. Ingawa matukio hayo ya mafuriko na maafa mengineyo sana sana hutokea katika misimu ya mvua, wakati mwingine kingo za mito huharibika wakati wa ukame, ambapo kiasi cha maji hupungua na mito ikashuka chini kabisa. Hii ilitokea katika kijiji cha Hau Vien wilaya ya Cam Lo mkoa wa Quang Tri.

Maporomoko ya ardhi hutokea kwa wingi zaidi katika sehemu ambazo zinatumiwa na wanadamu kwa shughuli zao za kimaisha. Takriban 20% au kilometa 200 (maili 124) kwa zaidi ya kilometa 1000 (maili 621) ya barabara kuu sehemu ya Ha Tinh – Kon Tum kwenye barabara ya Ho Chi Minh inakabiliwa na tisho la maporomoko ya ardhi au uregerege wa mteremko, kutokana na ujenzi mbaya wa barabara kwa ajili ya kutoelewa hali isiyofaa ya Jiolojia ya eneo hilo. Mapromoko ya ardhi ya hivi karibuni katika miji ya Yen Bai, Lao Cai na Bac Kan yalifuatia uamuzi wa manspaa za miji hiyo wa kupanua maeneo ya ujezi wa nyumba kwa kuruhusu uingiliaji wa sehemu zilizo na miteremko mikali.

Mitetemeko mikubwa ya ardhi vile vile imesababisha maporomoko ya ardhi katika Vietnam, kama yale ya 1983 wilayani Tuan Giao na ya 2001 sambamba na njia ya kutoka mjini Dien Bien hadi wilaya ya Lai Chau.

Kwa mtazamo wa dhati wa kiuchumi, gharama ya kurekebisha hasara za matukio hayo ni ya juu mno na bajeti ya serikali kwa kazi hizo daima haitoshi. Kwa mfano, urekebishaji wa kingo za mito kwa kawaida hugharimu kati ya dola 200,000 na 300,000 dola za kimarikani kwa kilometa, wakati mwingine inapanda hadi dola 700,000 hadi milioni moja kwa kilometa ukuta wa Tan Chau kando ya mto Mekong katika delta yake ni mfano wa gharama ya juu kupindukia iliyokuwa kiasi cha dola milioni saba za kimarikani kwa km. ukingaji wa kingo za mito mkoani Quang Binh pekee unakadiriwa kuwa unahitaji kiasi cha dola milioni ishirini za kimarikani ilihali bajeti ya mwaka mzima ni dola 300,000 za kimarikani.

Ujenzi wa mahandaki ya baharini kwa kawaida hugharimu kati ya dola 700,000 za Kimarikani kwa kilometa lakini sehemu mbaya zaidi za mahandaki hugharimu zaidi zinaweza kuhitaji hata zaidi ya dola milioni 2.5 kwa km na sehemu hizo si chache. Baada ya kimbunga namba saba cha Septemba 2005 kuharibu sehemu nyingi za mahandaki zilizokuwa zimerekebishwa, mameneja wengi wa mahandaki walifikia uamuzi kuwa hata zile sehemu zingine zilizojengwa kustahimili vimbunga vya hadi kiwango cha tisa bado ni hafifu sana na wakaanza kufikiria kwa makini sana kujengaa mahandaki yenye uwezo wa kustahimili vimbunga vya viwango hadi cha kumi nambili ambayo yangegharimu kati ya dola milioni saba hadi kumi za Kimarikani kwa kilometa.

Uhaba wa pesa ni jambo la kawaida, hivyo kusababisha ujenzi wa mijengo ya ukingaji kufanyika katika sehemu mbovu zaidi tu, wala sio kujenga katika urefu wote wa ukingo wa mto au pwani ya bahari. Ujenzi wa 'vira-karaka' huongezea matatizo zaidi.

Mambo hayo yote yanaonyesha kutodhibitiwa kwa mteremko au uharibifu wa sehemu fulani za ardhi, zina-zoonyesha uporomokaji wa pole pole sana wa vifusi na udongo kwa ajili ya maumbile ya hali ya mvutano wa ardhi wenye misongo yake. Mara nyingi kusogea huko kwa ardhi hakuonekani wala kuhisika, wakati mwingine kunakuja kwa ghafla, kwa dakika chache tu.kwa vile ni mambo mengi yanayoweza kusababisha maafa asili, inatupasa tuelewe vyanzo na vile vile kanuni za kimsingi za udhibiti wa miteremko. Ufahamu huo utatuweze-sha kutumia na kunufaika na mifumo ya Vetiver, katika njia mbalimbali za uinjinia hai tunapopunguza athari za maafa.

2. KANUNI ZA KAWAIDA ZA UDHIBITI WA MTEREMKO NA UTHABITI WAKE

2.1 Mkao wa mteremko au umbo lake

Miteremko mingine inapindika taratibu sana na mingine ni mikali sana. Umbo la mteremko uliomomonyoka ki-asili linategemea aina ya mawe na udongo wake, udongo hufuata ukali au utaratibu wa pembe ya mwinamo wa mteremko, na vile vile hali ya anga ya mazingira. Kwa aina za udongo au mawe yasiyoporomoka kwa urahisi, hasa katika sehemu za ukame mmonyoko wa kikemikali ni wa pole pole zaidi ukilinganishwa na mmonyoko wa maji ya mvua au pepo kali. Kilele cha mteremko huwa kimebinuka kidogo, Nao uso wa jabali huwa wima, nao mteremko wa vifusi kawaida hutokea kwa pembe ya 30-35˚. Hii ndiyo pembe ambayo vifusi na udongo wowote ulio legelege unaweza kuwa mtulivu bila kuporomoka chini.

Mawe na udongo mwepesi, hasa katika maeneo yenye unyevu humung'unyika upesi na ni rahisi sana kumom-onyoka. Mteremko wake huwa na udongo mwingi juu yake. Kilele chake huwa kimebinuka na shina lake huwa limebonyea.

2.2 Uthabiti wa mteremko

2.2.1 Mteremko asili wa nyanda za juumteremko wa nchi kupasuliwa, kingo za ujenzi wa barabara

Uthabiti wa aina hizi zote za miteremko unategemea uhusiano wa aina mbili za nguvu. Nguvu hizo ni za kiasi na moja huwa kinyume cha nyingine. Nguvu moja huwa inavuta chini na ile nyingine huwa inashikilia pahali pamoja. Nguvu ya kuvuta ikishinda uwezo wa hiyo ya kushikilia basi mteremko huo huwa si imara tena.

2.2.2 Kingo za mto, mmonyoko wa pwani, na kutoimarika kwa mijengo ya mwahali mwa kuzuia maji (k.v. mabwawa, mifereji, mahandaki)

Mainjinia wengine wa maji wanashikilia kwamba mmonyoko wa kingo za mito au bahari haufanani na ule wa kuta za kuhifadhi maji na hizo hali mbili zishughulikiwe kando kando, ati kwa vile viwango na msukumo wa maji kwenye hali hizo si sawa. Kwa maoni yetu, hali zote mbili zinategemea huo huo uhusiano wa nguvu aina mbili moja ya kuvuta chini na nyingine inayoshikilia pale pale. Maporoko hutokea nguvu ya kwanza ikiishinda ya pili.

Hata hivyo, mmonyoko wa kingo na kutoimarika kwa kuta za vizuia maji ni hali yenye utatanishi zaidi, huto-kana na uhusiano wa nguvu za maji zinazoshinikiza sehemu ya chini kabisa ya ukuta pamoja na kipenyo chake, na nguvu ya mvutano wa ardhi ambazo zinaathiri ukuta (au tuseme vifaa vilivyoujengea). Uthabiti unakosekana pindi tu mmomonyoko wa kipenyo cha ukuta huo na ufuo unaopakana nao ukiongezeka mwinamo na urefu wake hadi kufikia kiwango cha mvuto wa ardhi kuuzidi nguvu ule ukuta. Ikitokea hivyo chembe za ukuta uliomomonyoka zinabebwa na maji na kuangushwa kama sehemu ya chini au kupelekwa mbali kama takataka nyinginezo.

Kuzuia mto huwa na matokeo mawili katika kingo zake. Kadiri mmomonyoko wa kuta unavyoendelea ndivyo na sehemu ya chini inavyozidi kupanda na pembe ya mwinamo wake inavyozidi kuwa kali, papo hapo uthabiti wa ukingo huo nao unazidi kupungua. Kutokana na vifaa vilivyotumika kuujenga, mkao wake, ukingo unaweza kuporomoka kwa ajili ya matukio kadhaa pamoja na ubapa, mzunguko na shinikizowenza.

Kwa vizuizi visivyo vya mtoni umomonyokaji wa kingo hutokana na hali kama vile mawimbi, ukandamizi na upitishaji mifereji na umomonyokaji pole pole unaosababishwa na umbile la kingo kuwa za tabakatabaka na pia hali mbaya ya maji yaliyo chini ya udongo.

2.2.3 Nguvu sababishi

Ingawa mvutano wa ardhi ndiyo nguvu sababishi yenye umuhimu zaidi, haifanyi kazi peke yake Pembe ya mteremko, pembe ya uthabiti wa aina fulani ya udongo, maumbile ya mteremko, na sana sana maji huchangia yale yatukiayo:

- Kutodhibitika mara nyingi sana hutokea kwenye miteremko mikali kuliko ile isiyo mikali.
- Maji ndiyo kisababishi kikubwa cha uporomoshaji wa miteremko hasa pale panapotokeza.
  - Kwa mito na athari za mawimbi, maji huharibu sehemu ya chini ya miteremko na kuondoa uegemezo na hivyo basi kuongeza nguvu za mvutano kwa chini.
  - Maji vile vile huongeza uzito juu ya mteremko kwa kujaza nafasi zote zilizokuwa tupu hapo awali pamoja na mianya, mashimo, nyufa n.k. uzito huo unasababisha nguvu ya mvutano kuzidi kuathiri.
  - Uwepo wa maji kwenye vinyweleo hali kadhalika unapunguza nguvu ya uthabiti wa mteremko. Muhimu sana ni kwamba kama mabadiliko ya kuwepo au kutokuwepo kwa maji vinyweleoni kutatokea ghafla basi kutothibitika kwa mteremko kutafuata.
  - Umumunyi wa maji kwa uso wa jiwe japo ni wa pole pole sana, hivyo hivyo hudhoofisha nguvu ya ushikiliaji vifusi.

2.2.4 Nguvu kinzani

Nguvu kinzani ya umuhimu sana ni uwepo wa uwezo wa vile vitu vilivyoko juu ya mteremko wenyewe (k.v udongo, mawe, mimea n.k.), vitu hivyo vinashikamana kwa ile kani ya mshikamano wa ndani kwa ndani wa asili na hivyo basi kuipinga ile nguvu iliyo kinyume chake. Uwiano wa nguvu sababishi au endeshi na nguvu kinzani ndiyo hali ya usalama wa mteremko (SF) kama hali iko SF ni chini ya moja, mteremko huo ni salama au imara. La sivyo basi si thabiti. Kwa kawaida hali ya SF ya kati ya 1.2 hadi 1.3 inakubalika. Walakini inategemea umuhimu wa pahali hapo na hasara ambayo ingetokea lau ungeporomoka, hali inayofaa ni kuwa usalama zaidi uhakikishwe. Kwa ufupi, uthabiti wa mteremko ni dhima ya aina ya mawe au udongo na kani yake, urefu, pembe ya mwinamo, hali anga, mimea iliyopo na muda wa kuwepo. Kila moja ya hali hizo inaweza kuchangia pakubwa katika kuzuia athari mbaya za nguvu endeshi na nguvu kinzani.

2.3 Aina za miporomoko ya miteremko

Aina tofautitofauti za miporomoko zinaweza kutokea kulingana na aina ya msogezo, vifusi husika na mteremko wenyewe.

Jedwali la 1: aina za miporomoko.

Aina ya msogezo		Vifusi husika	
		Mawe	**Udongo**
Maanguko		Kuanguka mawe	Kuanguka udongo
Mtelezo	Mzunguko	Jabali kuchomoka ghafla	Mapande ya udongo kuanguka ghafla
	Mhamisho sambamba	Jabali kuteleza	Vifusi kuteleza
Mtiririko	Polepole	Jabali kutambaa	Udongo kutambaa
			Udongo na vifusi visivyoshikamana vilivyokolea maji
			Ardhi kutiririka
			Mtiririko wa tope (30% ikiwa maji)
	Upesi		Vifusi kutiririka
			Vifusi kuporomoka

Kwa kawaida mawe huanguka kwa kuteleza kimhamishosambamba (kwa kujumuisha sehemu moja au zaidi yenye uhafifu).kwa sababu udongo huwa na muundo sawa na hauna mgawanyo wowote huanguka kimzunguko mtelezo au kwa kutiririka. Kwa kawaida maporomoko ya vitu hivyo kwa wingi huwa na zaidi ya namna moja ya msogezo kwa mfano sehemu ya juu ya maporomoko inaweza kuchomoka ghafla na huku sehemu yake ya chini ikitiririka polepole au mchanga wa juu uteleze na pia jabali la chini liteleze pia.

2.4 Athari za vitendo vya wanadamu kuufanya mteremko kutostahimili
Maporomoko ya ardhi ni matukio ya vioja vya asili ambayo yanaitwa mmonyoko wa kijiolojia. Maporomoko hutokea mwanadamu aweko au asiweko! Hata hivyo matummizi ya ardhi na wanadamu yanaathiri sana mabadiliko ya miteremko. Mchanganyiko wa hali za kimaumbile zisizozuilika (mathalam mitetemeko ya ardhi, tufani za mvua nyingi n.k) na ubadilishaji wa nchi wa kibinadamu (k.v. kuchimbua miteremko, kuangamiza misitu, ujenzi wa miji n.k) unaweza kusababisha maporomoko yenye maafa.

2.5 Upunguzi wa maporomoko
Hatua tatu zinafaa kuchukuliwa ili kupunguza maporomoko ni: kuyatambua maeneo yenye uwezekano wa kutokea maporomoko, kuzuia maporomoko kutokea na kutekeleza hatua mwafaka za urekebishaji endapo maporomoko yatatokea. Kuelewa vilivyo juu ya hali ya kijiolojia ilivyo ni muhimu sanasana ili kuweza kujua njia zifaazo za uzuiaji wa maafa.

2.5.1 Utambuaji
Mafundi sanifu waliofunzwa huweza kutambua miteremko yenye hatari ya kuporomoka kwa kuchunguza picha zilizopigwa kutoka juu angani ili kuonyesha sehemu zilizoporomoka hapo awali au zinazoporomoka na kufanya uchunguzi wa maeneo ya miteremko hiyo. Maeneo ya uwezekano wa uharibifu wa ardhi yanatambulikana kwa uwepo wa miteremko mikali, au matabaka ya mawe kuinamia mabonde, mandhari ya vilima vilima vilivyofunikwa na miti michanga , kutokea kwa maji maji hapa na pale, na pahali palipotokea maporomoko hapo mbeleni. Habari hizi hutumika kuchora ramani ya kuonyesha maeneo yasiyo thabiti na yenye hatari ya uwezekano wa kutokea maporomoko.

2.5.2 Kuzuia

Kuzuia maporomoko na kudhibiti miteremko kuna gharama kidogo kuliko kurekebisha baada ya maafa. Jinsi za uzuiaji ni kama vile kutoa maji, kupunguza pembe ya mwinamo na urefu wa mteremko, kupanda mimea, kuweka ukingo/ukuta, komeo ya mwamba au ya simiti (simiti laini iliyochanganywa na michanganyiko ya kuifanya ikauke haraka kwa kuipigilia kwa pampu yenye nguvu). Viimarishi hivi ni sharti viwekwe kwa njia sawa kulingana na hali ilivyo baada ya kuhakikisha kuwa mteremko huo uko imara ndani kwa ndani. Kufanya hayo yote kunahitaji kuelewa barabara kabisa hali za kijiolojia za eneo hilo husika.

2.5.3 Urekebishaji

Maporomoko mengine yanaweza kurekebishwa kwa kuweka mfumo wa uondoaji maji ili kupunguza shinikizo la maji kwenye mteremko na kuzuia msogezo zaidi. Ulegelege wa miteremko inayopakana na barabara au maeneo mengine muhimu yanahitaji kugharimiwa sawasawa. Marekebisho yanayostahili yakifanywa kwa wakati ufaao. Kuondoa maji yaliyo juu na chini ya udongo kutaleta ufanisi mkubwa. Walakini, kwa sababu mambo haya huahirishwa au kutoshughulikiwa kabisa, urekebishi ghali sana ndio hulazimu baadaye.

Nchini Vietnam, ujenzi madhubuti wa jinsi mbalimbali za uzuiaji (vizuizi vya simiti vya kingo, kuta n.k.) zinatumika sana kudhibiti miteremko na kuzuia mmonyoko wa kingo za mito na pwani. Ingawa hivyo, licha ya matumizi hayo kwa miaka mingi, bado miteremko si thabiti, mmonyoko unaendelea kuharibu zaidi na gharama za matengenezo zinaongezeka. Sasa basi ni kwa nini hatua hizo za uzuiaji hazifui dafu? Kwa mtazamo halisi wa kiuchumi, uzuiaji kamili unagharimu sana na bajeti za taifa au manspaa kwa miradi kama hiyo ni kidogo sana. Uchanganuzi wa kuifundi sanifu wa kimazingira unazua maswala yafuatayo:

- Uchimbuaji wa mawe ya saruji huendelea kwingineko ambako bila shaka unasababisha uharibifu mwingi kwa mazingira.
- Ujenzi imara wa mahali pamoja haufyozi mawimbi ya nishati kwa vile ujenzi imara hauwezi kufuata udidimizi wa ardhi ulipojengewa, hali hiyo husababisha miinamo madhubuti. Miinamo ya nguvu huzidisha kutowiana ambako kunaendeleza mmomonyoko. Zaidi ya hayo kwa vile vizuizi hivyo viko pahala pamoja mara nyingi hukamilishwa ghafla, havikamilishwi kwa utaratibu wa kuingiliana na maumbile ya kingo. Kwa hiyo mawimbi yanahamisha mmomonyoko kutoka pahali pamoja hadi pengine, kwa upande wa ng'ambo au kwa kuelekea chini mto unakokwendea. Hali hii inazidisha hatari badala ya kuipunguza kwenye mto kwa ujumla. Mifano ya sampuli hii ni mingi sana katika mikoa kadhaa ya Vietnam kati.
- Ujenzi wa vizuizi imara huingiza kwa wingi mawe, na simiti mtoni na kuchukua nafasi ukiondoa udongo wa ukingoni mwa mto. Mto unavyozidi kujazwa mchanga, unabadilika maumbile bonde lake linapanda, matatizo ya mafuriko na mmonyoko wa kingo zake yanaongezeka. Tatizo hili ni kubwa sana nchini Vietnam kwa vile wajenzi wa vizuizi hivyo huutia mchanga mtoni moja kwa moja wakati wanapotengeza kingo zake. Mara nyingi, wao humwaga mawe mtoni ili kudhibiti kipenyo cha kingo legelege au hujaribu kutia mapande ya majabali kwenye bonde la mto jambo ambalo hupunguza kina chake kwa kiasi kikubwa baadaye vizuizi hivyo vikiharibika kabisa sehemuza mawe k.n hubakia zimetapakaa kwenye mto na kufanya mabadiliko ya kibinadamu bondeni humo.
- Vizuizi imara si vya asili ya maumbile na kwa hivyo havipatani na udongo laini unaomomonyoka. Kadri udongo unavyokusanyika au kuondolewa unaiharibu sehemu ya juu ya mjengo huo. Mifano yake ni kama ifuatavyo ukingo wa kulia kushuka china wa mto Thach Nham Weir (mkoa wa Quang Ngai) ambao ulifanya ufa na kuanguka. Wahandisi ambao wanabadili sahani za simiti kwa vipindi vya mawe pamoja na au bila fremu za simiti hawasuluhishi tatizo la mmomonyoko wa sehemu za karibu na za juu juu kando kando ya handaki la bahari ya Hau Hau, sehemu yote iliyojengwa kwa vipande vipande vya mawe uliunguka kwa sababu udongo wote ulimomonyoka sehemu za chini yake.
- Vizuizi imara hupunguza mmomonyoko wa udongo kwa muda tu. Haviwezi kuimarisha kingo wakati maporomoko makubwa yenye nyufa ndefu ardhini yanapotokea.

- Simiti au mawe ni vifaa vitumiwavyo sana na mainjinia wanapojenga 'kuta' za kuimarisha barabara wanapozijenga kwenye sehemu za miinuko na miteremko. Kuta hizo huwa zakaa tu na pindi mteremko ukiporomoka hazifui dafu. Hilo liajionyesha waziwazi katika Barabara Kuu ya Ho Chi Minh. Vizuizi hivyo pia huharibiwa sana na mitetemeko ya ardhi.

Ingawa vizuizi imara kama vile kontua havifai kwa matumizi fulani kwa mfano kuimarisha chungu za mchanga, bado vinatumiwa tu kama inavyoonekana kando kando ya barabara mpya ya Vietnam kati.

2.6 Kudhibiti mteremko kwa kutumia mimea

Mimea imetumika kama kifaa cha uhandisi hai wa kiasili ili kurudisha ardhi, kuzuia mmonyoko na kudhibiti miteremko kwa karne nyingi na umaarufu wake umeongezeka si kidogo katika miongo michache iliyopita.

Hii ni kwa ajili ya habari nyingi zaidi kutolewa kuhusu mimea kwa wahandisi na pia kwa ajili ya gharama yake ndongo na pia uwiano mzuri na mazingira wa uhandisi huu 'mwepesi'. Kwa ajili ya mkumbo wa hizo sababu kadhaa zilizoelezwa hapo juu, mteremko utalagea kwa ajili ya:

a. Mmomonyoko wa mapana yote ya 'uso' wa eneo.
b. Udhaifu wa ndani kwa ndani ya ardhi wa kimaumbile.

Mmomonyoko wa juu juu usipozuiliwa husababisha makorongo ambayo huendelea kukua na baadaye kauporomosha mteremko. Nao udhaifu wa maumbile ya ndani huendelea kuongezeka na baadaye huwa chanzo cha mteremko kuporomoka. Kwa vile mmomonyoko wa 'uso' wa mteremko unaweza kusababisha mporomoko kukinga sehemu za juu juu za mteremko ni muhimu sawa sawa na uimarishaji mwingineo wa miteremko, jambo hili hupuuzwa mara nyingi. Kukinga sehemu ya juu (uso) ya mteremko ni njia mwafaka, haigharimu na ni hatua ya lazima kuchukuliwa. Mara nyingi sana wa hatua za kukinga kutaendeleza uimarishaji wa mteremnko na daima huwa na gharama ndogo sana ikilingaishwa na hatua za kurekebisha baada ya mkasa kutokea.

Mfuniko wa ardhi wa mimea kutokana na nyasi zilizoota huwa unafaa sana kwa kuzuia mmomonyoko wa juu juu na ule unaofanya vijito vidogo vidogo na pia miti na mimea mingine yenye mizizi ya kwenda chini sana huimarisha uthabiti wa mteremko. Ingawa hivyo kwenye miteremko iliyoundwa hivyo punde udongo wake huwa haujashikamana na kwa hiyo hata uwe na mimea mingi inayoifunika bado haizuii mmonyoko unaosabisha vijito na makorongo. Kwenye maeneo magumu kama haya huwa ni vigumu kwa miti ya mizizi mirefu kustawi. Katika hali hizi mara kwa mara wahandisi hutilia shaka uwezo wa mimea wa kufunika ardhi na kuimarisha na hivyo hujenga vizuizi vinginevyo. Kwa ufupi, kwenye miteremko isiyo ya kiasili, nyasi, mimea na miti haiwezi kukinga vile inavyohitajika.

2.6.1 Faida, hasara na upungufu wa upandaji mimea kwenye miteremko

Jedwali la 2: matokeo ya uwezo wa mimea kwa uthabiti wa mteremko.

Athari	Tabia za maumbile
Faida	
Uimarishaji wa mizizi, udongo kufanya matao, kuimarisha kukita na miti kuzuia kubingiria chini kwa mawe legelege.	Mizizi inafanya vinyweo vya hewa na kueneza mofologia, kani ya mizizi, nafasi kati ya na ukubwa wa miti na udidimiaji wa mizizi, upana na mwinamo wa sehemu penyezi na nguvu za ushikamano wa udongo.
Ukaushaji wa unyevu udongoni na uongezaji wa udongo kufyoza maji kutokana na unyevu unaotumiwa na mimea na kupotea kutokea majanini mwao.	Unyevu ulio udongoni: kubadili kiwango cha maji ya chini ya ardhi; msukumo wa vinyweleo, mfyonzo wa udongo.
Uzuiaji wa mvua na majani ya mimea, upoteaji wa unyevu kwa hali ya mvukizo.	Kiwango cha mvua mteremkoni.
Kuongezeka kwa ukinzani maji kwenye mifereji ya kuondoa maji na ile ya kunyunyiza maji.	Uwiano wa ki Manning
Hasara	
Kupenywa kwa mawe ya juu juu na mizizi ya miti iliyoota na kuifanya kuwa rahisi kung'oka tufani inapopiga.	Uwiano wa sehemu zilizotandwa na mizizi, ueneaji na mofolojia.
Kulemewa kwa mteremko na miti mikubwa na mizito (ingawaje mara nyingine hilo huwa la manufaa kulingana na hali ilivyo).	Wastani wa uzito wa mimea.
Kushinikiza upepo kwa uzito wa mimea.	Kuundika kwa kasi ya upepo uendapo na kurudi, wastani wa urefu wa baadhi ya miti.
Kudumisha uwezo wa kupenyeza.	Kutofautiana kwa kiasi cha unyevu udongoni kulingana na kina.

Jedwali la 3: Pembe ya mwinamo wa mteremko inavyozuia kustawi kwa mimea.

Pembe ya mteremko (digrii)	Aina za mimea	
	Nyasi	**Vichaka/miti**
0-30	Haitatizi sana, upanzi wa kawaida unaweza kufanyika	Haitatizi sana, upanzi wa kawaida unaweza kuendelea.
30-45	Matatizo ya upanzi wa aina zozote za nyasi ni mengi; upanzi wa kawaida ni kupanda mbegu kwenye maji.	Upanzi unaendelea kuwa mgumu
>45	Inahitaji maarifa maalumu ili upanzi ufanyike.	Upandaji unawezekana tu kwa kutengezwa matuta.

2.6.2 Kuthibiti miteremko kwa kupanda mimea

Masuluhisho mepesi ya matumizi ya mimea yametumika nchini Vietnam kwa kiwango cha chini. Mtindo maarufu sana wa uhandisi hai unaotumika kuzuia mmomonyoko kwenye kingo za mito ni upanzi wa mianzi ambayo ndiyo namna mbovu sana ya usuluhishaji. Mafungu ya mianzi yakioshwa na kubebwa na mafuriko huweza kung'oa hata daraja au chochote kile kinachoyanasa. Huwa na kanivutivu nyingi sana na si rahisi ku-vunjika) mikoko, nanasimwitu, mvinje, michikichi nipa hutumiwa kuzuia mmomonyoko wa kando ya bahari. Hata hivyo, mimea hii yote inapungufu mkubwa, kwa mfano:

- Kwa ajili ya kuota kwa mafungu mafungu na kuwa na mzizi mifupi, mianzi haishikani na kutengeza ua usiopenyeka. Kwa hiyo maji ya mafuriko hujishinikiza pale kwenye nafasi zilizoachwa katikati ya mafungu, hii inaongezea maji hayo nguvu na uwezo wa kuharibu na kumomonyoa udongo zaidi.
- Mianzi ni mizito zaidi kwa juu. Haina kina kirefu (Meta 1-1.5) aina yake ya mizizi haisimamishi mashina yake marefu na mazito. Hivyo basi uwepo wa mianzi huzidi kushinikiza kingo za mto wala haziongezi uthabiti wake.
- Mara nyingi vicha vya mizizi ya mianzi huulegeza udongo inamokua, papo hapo kuzidisha mmomo-nyoko na uwezekano wa kutokea maporomoko ya ardhi mifano kadhaa ya kuporomoka kwa kingo za mito kutokana na matumizi ya upandaji wa mianzi kwa wingi inaonekana katika mikoa mingi ya Vietnam ya Kati.
- Pale ambapo mikoko inamea, hufanya kinga madhubuti ya kupunguza nguvu za mkumbo wa mawimbi na pia kupunguza mmomonyoko. Hata hivyo kustawisha mikoko si rahisi na huchukua muda mrefu kwa sababu panya hula miche yake. Kwa mfano kutokana na mamia ya ekari za mikoko zilizopandwa ni asilimia ndogo sana inayoponea na kukua na kuwa msitu.Ripoti kama hiyo ilipokelewa hivi karibuni kutoka mkoa wa Ha Tinh.
- Maelfu ya ekari za mivinje zimeshapandwa kwenye chungu za mchanga katika Vietnam ya Kati. Mina-si mwitu pia imepandwa kando kando ya kingo za mito, vijito na mifereji mingineyo na kwenye kingo za miteremko ya chungu za mchanga. Ingawa hatua hizo zinapunguza nguvu za upepo na tufani za mchanga, mimea hii haiwezi kuzuia mtiririko wa mchanga kwa ajili ya ufupi wa mifumo ya mizizi yao isiyoshikamana pamoja. Licha ya kupanda mimea hiyo juu ya mahandaki ya kuzuia mchanga kando ya mito katika mkoa wa Quang Binh, 'vidole' vya mchanga bado vinaponyoka na kuingilia mashamba. Pamoja na hayo hiyo mimea miwili huathirika sana na hali hewa; miche ya mivinje hustawi kwa shida sana katika majira ya baridi kali (ya viwango vya chini ya -15°C /5°F) nayo minanasi mwitu haiwezi kustawi majira ya joto kali ya Vietnam Kaskazini.

Kwa bahati nzuri Vetiver hukua upesi na kustawi kwenye hali ngumu, na kwa ajili ya mfumo wa mizizi yake mingi, mirefu sana huweza kuwa kinga mwafaka ya uimarishaji, baada ya muda mfupi. Kwa hiyo Vetiver inaweza kuwa suluhisho mwafaka badala ya mimea hiyo ya kiasili, ilimradi tu matumizi ya mbinu zifuatazo yajulikane na kufuatiliwa kwa makini.

3. KUDHIBITI MITEREMKO KWA KUTUMIA MFUMO WA VETIVER

3.1 Tabia za Vetiver za kufaa kwa kuthibiti mteremko

Tabia za kipekee za Vetiver zimefanyiwa utafiti, zikajaribiwa, na kuendelezwa kote kote duniani katika sehemu za tropiki, na hivyo kuhakikisha kuwa kweli Vetiver ni kifaa kamili kabisa cha uhandisihai:

- Ingawa kwa umbo ni nyasi, Vetiver inapotumika kwa kuimarisha ardhi hukua na kuwa miti au vichaka vinavyokua haraka haraka. Mizizi ya Vetiver ikilinganishwa na ile ya miti ya Vetiver ina nguvu na mirefu zaidi kwa kizio kimoja.
- Vetiver huwa na mizizi mingi sana iliyoumbika vizuri na ya kina cha urefu wa meta mbili hadi tatu(futi sita hadi tisa) katika mwaka wa kwanza. Kwenye miteremko ya mjazo, majaribio mengi yanaonyesha kwamba hii nyasi. Inaweza kufikia urefu wa meta 3.6 (futi 12) katika miezi 12. (Ujue kuwa Vetiver haipenyezi ndani kwenye maji ya chini ya udongo. Kwa hiyo katika sehemu zenye maji mengi ya ndani ya ardhi mizizi ya Vetiver haingii ndani kama vile ilivyo katika udongo usio na maji mengi sana). Mfumo huo wa mizizi mingi na minene unaimarisha udongo na kuufanya uwe mgumu kubandukana,na wenye kustahmili sana hali za ukame.
- Mizizi hiyo ina nguvu sawa au hata zaidi ya mizizi ya miti migumu, tena ina kiwango cha juu cha nguvu za uvumilivu vutifu ambazo zinaifaa sana kwa kuimarisha miteremko mikali.
- Mizizi hii ina uvumilivu vutifu uliojaribiwa wa wastani wa 75 Mega Pascal (MPa) ambayo inalingana kwa kiasi cha 1/6 kwa chuma cha pua (aina ya kadiri) cha uimarishaji na pia ongezeko la nguvu za mizizi hiyo kwa kiwango cha 39% katika urefu wa kina cha meta 0.5 (futi 1.5).
- Mizizi ya Vetiver inaweza kupenya udongo mgumu hata wa mfinyanzi unaopatikana kwa wingi kwenye maeneo ya tropiki, na hivyo basi kufanya nanga mwafaka ya kukaa udongo wa mjazo na ule wa juu juu.
- Ikipandwa karibu karibu mmea wa Vetiver huunda nyua za kupunguza kasi za mtiririko, hutandaza na kufanya kichungi mwafaka sana cha kuzuia mmomonyoko. Nyua hizo hufanya maji yatiririke pole pole huku yakisambaa na kupata fursa ya kuingia udongoni taratibu.
- Ikiwa kichungi bora nyua za Vetiver husaidia kupunguza mtibuko wa maji yanayopita. Kwa sababu mizizi mipya hutokezea kwenye vifundo vinapozikwa na udongo laini ulionasika, Vetiver huendelea kupanda na udongo unavyoongezeka, matuta yanaundika mbele ya nyua hizo, udongo huu mwororo usiondolewe kamwe. Udongo huo kwa kawaida huwa na mbegu za mimea asili ya huko na hivyo uotaji na usatwi wao hurahisika.
- Vetiver hustahimili hali mbaya kupindukia za mabadiliko ya hali hewa na mazingira pamoja na ukame wa muda mrefu, mafuriko na kufunikwa kabisa na maji na hali joto za viwango vya -14°C hadi 55°C (7°F hadi 131°F) (Truong et al, 1996).
- Hii nyasi humea tena haraka sana baada ya kuondoshwa kwa hali ngumu kama vile ukame, baridi, umunyu kuzidia au hali zinginezo mbaya za kuuharibu udongo inakoota.
- Vetiver inaonyesha ustahimilivu mkubwa dhidi ya uasidi, umunyu, magadi, na hali za asidi ya sulfati. (Le Van Du na Truong 2003).

Vetiver huwa na matokeo mazuri sana ikipandwa karibu karibu kwenye mistari juu ya kontua za miteremko. Mistari hiyo ya Vetiver inaweza kudhibiti miteremko hiyo ya kiasili na iliyotokana na shughuli za mwana-damu. Mizizi yake mirefu na madhubuti husaidia kuimarisha mteremko kama kizuizi ilihali mashina yake yakiyasambaza maji yanayotiririka, kunasa udongo laini na kuwezesha kuota na kukua kwa mimea mingine asilia. (Tazama picha ya 1)

Picha ya 1: Vetiver inafanya kichungi hai kizito kotekote juu ya udongo (kushoto): na chini yake (kulia).

Pia, Bw Hengchaovanich (1998) alichunguza na kuona kuwa Vetiver inaweza kukua wima kwenye mteremko ulio mkali zaidi ya 150% (karibu 56°). Ukuaji wake wa haraka na ustawi wake wa ajabu unaifanya nyasi hii kupendelewa zaidi kwa madhumuni ya kuzuia miteremko kuliko mimea mingine. Tabia yake nyingine ya kipekee ambayo haionekani wazi wazi ni uwezo wa mizizi yake kupenya ndani zaidi ya mizizi ya miti yoyote. Nguvu za mizizi hiyo huiwezesha kupenyeza aina ya udongo mgumu sana na hata matabaka ya mawe yenye nyufa au uhafifu wa hapa na pale. Inaweza hata kutoboa barabara ya lami na simiti. Mwandishi huyo huyo anailinganisha mizizi ya Vetiver na msumarihai wa udongo au pini za urefu wa meta 2-3 (futi 6-9) zinazotumika kwa 'makabiliano magumu' kwa kazi ya kuimarisha miteremko, ikijumulishwa na uwezo wake wa kustawi haraka hata kwenye hali ngumu, tabia hizo zote zinaifanya Vetiver kuwa mwafaka zaidi kwa kudhibiti miteremko zaidi ya mimea mingine.

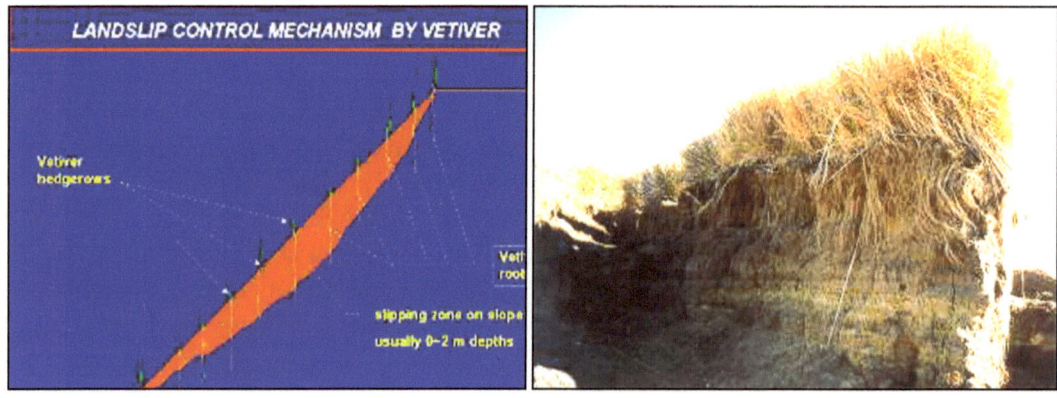

Mchoro wa 1: Kushoto: kanuni za udhibiti wa miteremko na Vetiver; Kulia: mizizi ya Vetiver ikiimarisha ukuta wa bwawa iliuzuia kubomolewa na mafuriko.

3.2 Tabia maalumu za Vetiver za kufaa kwa kupunguza makali ya maafa yasababishwayo na maji
Ili kupunguza athari za maafa yanayotokana na maji kama vile mafuriko, mmomonyoko wa kingo za mito na bahari, uangukaji wa mabwawa na mahandaki, Vetiver hupandwa kwa mistari sambamba au kuvuka mtiririko wa maji au mwelekeo wa mawimbi. Tabia hizi zake za ziada ni za manufaa sana :
*   Kwa ajili ya nguvu na urefu wa ajabu wa mizizi yake, Vetiver iliyokomaa ina ustahimili mkubwa sana dhidi ya kasi mwelekeo ya hali ya juu ya mtiririko wa maji.Vetiver iliyopandwa kaskazini mwa Queensland (Australia) imeweza kustahimili kasi mwelekeo iliyozidi vipimo vya 3.5 m/sec. (10'/sec) kwenye mto uliofurika na katika sehemu ya kusini mwa Queensland vipimo vya 5m/sec (15' sec) ikiwa ndani ya mfereji wa kuondoa maji uliofurika.

- Kwenye maji kidogo au katika hali ya kasimwelekeo ya chini, mashina magumu ya Vetiver huwa ni kizuizi cha kuzuia mtiririko wa maji (yaani huongeza nguvu ya kujizuia kwa maji) na kunasa udongo laini uliomomonyoka. Vetiver inaweza kuwa imara kwenye mtiririko wa kina cha meta 0.6-0.8 (inchi 24-31).
- Majani ya Vetiver hupinda kukiwa na maji mengi ya mtiririko wenye kasimwelwkeo mkubwa, na katika hali hiyo yanakinga udongo wa juu na pia kupunguza mwendo wa mtiririko wa maji.
- Inapopandwa kwenye vizuizi vya maji kama mabwawa au mahandaki nyua za Vetiver pia husaidia kupunguza kasimwendo, za mawimbi, kuzuia kujaa zaidi na baadaye kabisa kusawazisha kiwango cha maji yanayoingia kwenye maeneo yanayokingwa na vizuizi hivyo. Pia nyua hizo husaidia kupunguza ule mmomonyoko unaoitwa mmomonyoko wa kinyumenyume ambao mara nyingi hutokea wakati mawimbi au mtiriko wa maji unaporudi nyuma baada ya kupanda juu zaidi ya vile vizuizi vinavyoyazuia maji.
- Huu ukiwa ni mmea wa sehemu chepechepe, Vetiver inaweza kustahimili kuzama ndani ya maji kwa vipindi virefu. Utafiti uliofanywa China unaonyesha kuwa Vetiver inaweza ' kuishi' ndani ya maji safi kwa zaidi ya miezi miwili.

3.3 Utanukaji na umadhubuti wa mizizi ya Vetiver

Hengchaovanich na Nilaweera (1996) walionyesha kuwa utanukaji wa mizizi ya Vetiver huongezeka. Kadiri ya vile unene wa mzizi unavyopungua, hivyo ni kusema kuwa mizizi myembamba yenye nguvu huzuia vyema zaidi kuliko mizizi minene. Utanukaji wa mizizi ya Vetiver huwa kati ya 40-180 MPa kwenye unene au maki ya mzizi kiwango cha 0.2-2.2.mm. (inchi 0.008-0.08").Wastani wa umbile la utanukaji ni kama 75 MPa kwenye maki ya 0.7-0.8 mm (.03") ambao ndio unene wa kawaida wa mizizi ya Vetiver na unaotoshana na kiasi cha

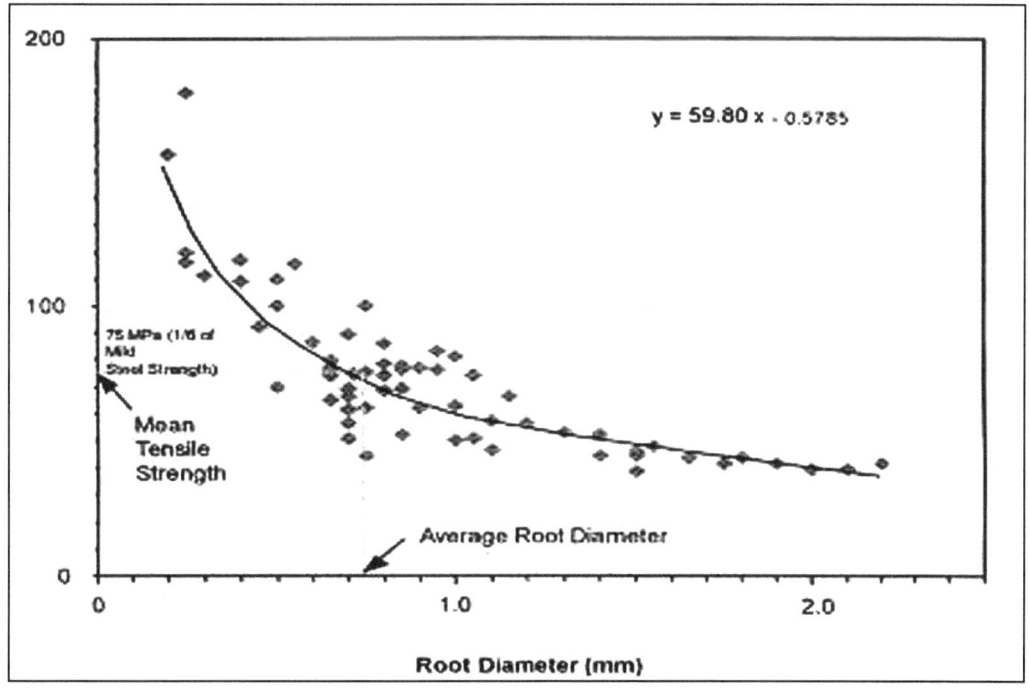

Mchoro wa 2: unene wa mzizi.

Jedwali la 4: Utanukaji wa mizizi ya baadhi ya mimea.

Jina la kibotania	Jina la kawaida	Utanukaji (MPa)
Salix spp	Willow (kingereza)	9-36
Populus spp	Mpopla	5-36
Alnus spp	Alders (kiingereza)	4-74
Pseudotsuga spp	Msonobari	19-61
Acer sacharinum	Silver maple (kiingereza)	15-30
Tsuga heterophylia	Western hemlock (kingereza)	27
Vaccinum spp	Huckleberry (kiingereza)	16
Hordeum vuigare	Nyasi shayiri -forbs moss (kingereza)	15-31 20-Feb 2-7kPa
Chrysopogon zizanioides	Nyasi Vetiver	40-120 (wastani 75)

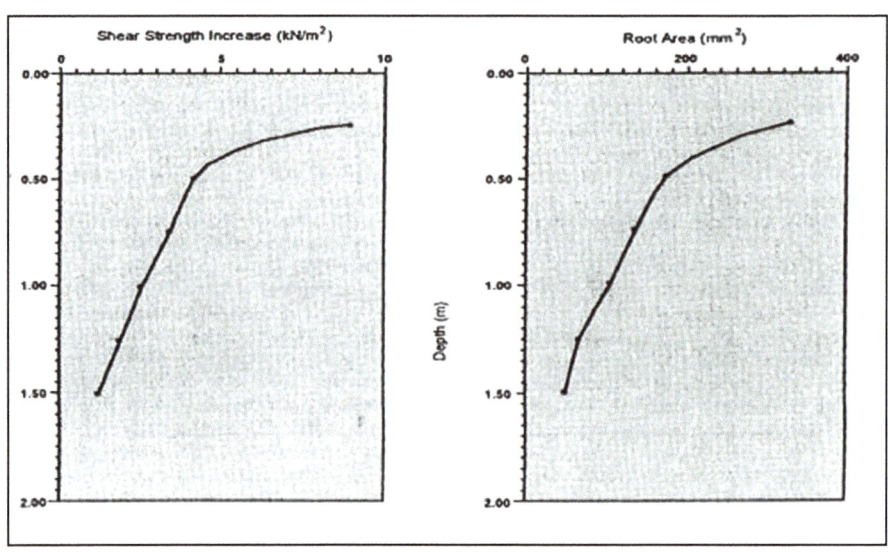

Mchoro wa 3: Kani tangiti ya mizizi wa Vetiver.

cha chuma cha pua chepesi. Kwa hiyo mizizi ya Vetiver inatoshana na penginepo kuizidi nguvu mizizi ya miti mingi migumu ambayo imetumika kwa kuimarisha miteremko. Mchoro namba 2 na jedwali namba 4.

Katika majaribio ya kanitanjiti ya bonge la udongo, Hengchaovanich na Nilaweera (1996) pia waligundua kuwa upenyezi wa mizizi ya ua wa Vetiver wenye miaka miwili na nafasi ya sentimeta 15 (6") kati mmea mmoja hadi mwingine huongezea pia kanitanjiti ya udongo ulio karibu kwa nafasi ya sentimeta 50 (20") kwa kiasi cha

Jedwali 5: Unene na kani mvutano ya baadhi ya nyasi na mimea.

Aina ya nyasi	Unene wastani wa mizizi(mm)	Kanitanjiti wastani(MPa)
Late Juncellus	0.38t ± 0.43	24.50t ± 4.2
Dallies grass	0.92t ± 0.28	19.74t ± 3.00
Klova nyeupe	0.91t ± 0.11	24.64t ± 3.36
Vetiver	0.66t ± 0.32	85.10t ± 31.2
Nyasi tandu ya kawaida (common centipede grass)	0.66t ± 0.05	27.30t ± 1.74
Nyasi Bahia	0.73t ± 0.07	19.23t ± 3.59
Nyasi Manila	0.77t ± 0.67	17.55t ± 2.85
Nyasi Bermuda	0.99t. ± 17	13.45t ± 2.18

90% kwa kina cha meta 0.25 (10"). Kwa kina cha urefu wa meta 0.50 (1.5") nyongeza ilikuwa 39% na kuendelea kupunguka polepole hadi 12.5% kwa kina cha meta moja (3"). Zaidi ya hayo mfumo wa mizizi ya Vetiver ambao ni mnene na mzito huwa na nyongeza bora zaidi ya kanitanjiti. Kwa kipimo kimoja cha unyuzi kukoleza (6-10 kpa/kg ya mizizi kwa cha meta 1 mchemraba cha udongo) kikilinganishwa na 3.2-3.7 kpa/kg cha mizizi ya miti (mchoro wa 3). Waandishi hao walieleza kuwa mmea mpya unapopenya kwenye hali ya uwezekano wa kanitanjiti ya ukingo wa udongo, mwingiliano huo huufanya uwe na mkakamao. Hali hiyo husababisha ukinzani kani ilihali kiasi cha kawaida huongeza msukumo wa ushindilizi kwenye uso wa kanitanjiti.

Cheng na wengineo (waandishi) 2003 waliongezea utafiti wa Diti Hengchaovanich juu ya kani ya mizizi, kwa kufanya majaribio kwa nyasi zinginezo - Jedwali la 5. Ingawaje mizizi ya Vetiver ni ya pili kwa udogo zaidi, kanitanjiti yake ni takriban mara tatu zaidi kuliko ile mingine yote iliyofanyiwa majaribio.

3.4 Tabia za Vetiver za kihaidroli

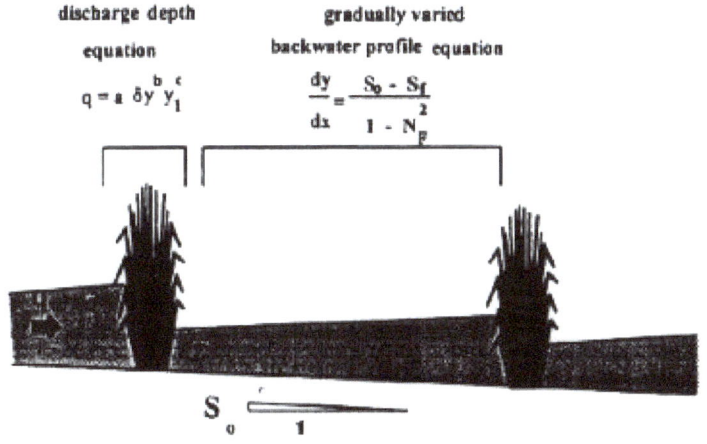

discharge depth equation

$$q = a\, \delta y^{b}\, y_{1}^{c}$$

gradually varied backwater profile equation

$$\frac{dy}{dx} = \frac{S_0 - S_f}{1 - N_F^2}$$

Hapa:
q = kuondoa kwa kipimo
y = kina cha mtiririko
y_1 = kina kwa upande
S_o = mteremko ulivyokaa
S_f = kani ya mteremko
N_F = namba ya Froude ya mtiririko wa juu mtoni

Mchoro wa 4: Mfano wa nyua za Vetiver zinavyozuia mafuriko.

Ikipandwa kwa mistari, Vetiver hufanya au mnene; mashina yake magumu huzifanya nyua hizo kusimama kwa urefu wa angalau meta 0.6-0.8 (futi 2-2.6) na kuwa kizuizi hai kwa maji ambayo yangepita na kupotea bure. Kukifanywa mpangilio wa sawasawa nyua hizo huwa ni vizuizi mwafaka sana vya kutandaza na kuchepua maji na kuyaelekeza kwenye maeneo salama au katika mifereji ya kuyaondosha kwa njia inayofaa.

Majaribio ya Flume katika Chuo Kikuu cha Queensland kusini, ili kuchunguza mtindo na uingizaji wa nyua za Vetiver kwa upanzi wa mistari, kwa ajili ya kupunguza makali ya mafuriko ulithibitisha tabia ya nyua za Vetiver zikiwa ndani ya maji mengi yanayotiririka. Mchoro wa 4. Nyua hizi zilifanikisha kupunguza kasi mwelekeo ya mafuriko na kuimarisha udongo; maeneo yaliyokingwa yalimomonyoka kidogo tu na mimea michanga ya mtama ilikingwa kabisa dhidi ya uharibifu wa mafuriko (Dalton na wengineo, 1996).

3.5 Msukumo wa maji ya vinyweleoni

Uwepo wa mimea kwenye mteremko huongeza upenyezi wa maji udongoni. Kumekuwa na shaka kwamba hayo maji ya ziada yataongeza msukumo wa maji ya vinyweleoni kwenye udongo na kusababisha kuporomoka kwa mteremko. Hata hivyo uchunguzi wa nyanjani kwa kweli unaonyesha hali kuwa nzuri zaidi. Kwanza, Vetiver inapopandwa kwenye kontua au mpangilio mwingine unaofanywa kwa mistari ya kunasa na kueneza maji yanayopita mteremkoni. Mizizi mingi, mirefu na madhubuti ya Vetiver huyasambaza kilinganifu maji ya ziada kwa utaratibu na hivyo basi kupunguza urundikaji wa udongo laini pahala pamoja.

Pili, ongezeko la maji kuzidi udongoni linazuiwa na ule ukaushaji kwa wingi na kwa haraka zaidi kwa ajili ya nyasi hizo. Utafiti juu ya mimea inavyoshindania unyevu udongoni huko Australia (Dalton na wengineo 1996) unaonyesha kwamba katika hali za mvua kidogo, ukaushaji huo ungepunguza unyevu hadi kiasi cha meta 1.5 (futi 4.5) kutokana na nyua. Hilo linaongeza upenyezi wa maji pahali hapo na kupunguza kiasi cha maji ambayo yangepita na kupotea bure na mmomonyoko. Kwa mtazamo wa ufundi jiolojia hali hizo zinaimarisha mteremko. Kwenye miteremko mikali (30-60°) ile nafasi iliyoachwa katikati mwa mistari umbali wa meta 1(3`) vi (umbali wa kiutimautima) ni wa karibu sana. Kwa hiyo, unyevu zaidi unaondoshwa na kuendeleza uimarishaji wa mteremko.

Hata hivyo ili kupunguza uwezekano wa Vetiver kusababisha hasara kwenye miteremko mikali katika sehemu za mvua nyingi ni vyema kuchukua hatua za uzuiaji kwa kuzipanda nyua za Vetiver kwa utaratibu wa kontua ya mwinamo wa 0.5% ili kuyaelekeza maji yote ya ziada kwenye mifereji mwafaka (Hengchaovanich 1998).

3.6 Matumizi ya mfumo wa Vetiver (VS) katika kupunguza maafa ya asili na kukinga barabara

Kwa ajili ya maumbile yake ya kipekee Vetiver ni mwafaka sana kwa uzuiaji wa mmomonyoko kwenye kila aina ya mteremko unaohusiana na ujenzi wa barabara na hasa kwenye udongo ulio legelege na rahisi kumung'unyika na kuondolewa, kama vile aina za udongo wa kimagadi, kiasidi, alkali na asidi sulfati.

Upanzi wa Vetiver umekuwa na matokeo bora sana kwa kuzuia mmomonyoko au kwa kuimarisha kwenye hali zifuatazo:

- Kuimarisha miteremko kandokando ya njia ya reli. Hasa ufanisi umeonekana kandokando ya barabara za sehemu za milimamilima za mashambani, ambapo wenyeji hawana uwezo wa kifedha wa kuimarisha miteremko inayotokana na ujenzi wa barabara.
- Uimarishaji wa mahandaki na mabwawa, upunguzaji wa mmomonyoko wa mifereji, kingo za mito, pwani na ukingaji wa vizuizi vyenyewe (k.m mawe mawe ya ujenzi, vizuizi vya saruji n.k)
- Miteremko iliyo juu ya kalvati zinapopokelea na kutolea maji (kalbati, mihimili ya daraja) pahali pakutanapo udongo na simiti.
- Kama mstari kichungi wa kuondoa udongo laini 'mdomoni' mwa kalbati.
- Kwa kupunguza msukumo wa maji yakitokezea ndani ya kalbati.
- Vetiver ikipandwa sehemu ya juu ya mwanzo wa korongo huimarisha udongo.
- Kwa kuzuia mmomonyoko kutokana na mawimbi kupandwe mistari michache ya Vetiver kwenye alama ya sehemu ya juu sana ya athari za mawimbi katika vizuizi vya mabwawa au kingo za mito.
- Kwenye msitu ili kuimarisha kingo za barabara Vetiver inazuia miinuko yote ya aina zote za barabara kubwa na ndogo na hata vijia vinavyofanyika miti ikikatwa.

Ni Kwa ajili ya tabia zake za kipekee Vetiver inavyoweza kuzuia maafa yatokanayo na maji k.m mafuriko uporomokaji wa kingo za mito, mabwawa na mahandaki, na uimarishaji wa vizuizi kwa ujumla. Hali kadhalika hukinga madaraja, kalbati, mihimili ya daraja na sehemu zilizoko kati ya vizuizi vya saruji au mawe vinapopakana na udongo. Vetiver hasa ni mwafaka sana penye miteremko ya kontua yenye udongo legelege wa aina ya asidi, alkali, magadi (na asidi sulfati).

3.7 Faida na hasara za mfumo wa Vetiver

Faida:

- Faida kubwa sana ya Vetiver ikilinganishwa na uhandisi wa kawaida ni gharama yake ya chini na kudumu kwake kwa muda mrefu sana . Kwa uimarishaji wa miteremko, tuchukue mfano wa nchi ya Uchina, gharama ilipungua kwa kiasi cha 85-90% (Xie, 1997 na Xia na wengineo, 1999). Huko Australia upunguaji wa gharama kwa matumizi ya mfumo wa Vetiver ni kutoka 64 hadi 72%, kulingana na aina ya mfumo uliotumika (Braken na Truong 2001). Kwa ufupi, gharama yake ya juu sana ni 30% tu ya zile aina zingine za kinapokeo. Kwa kuongezea, gharama za matengezo ya kila mwaka hushuka sana punde tu Vetiver ikisha kustawi.
- Kama vile zile teknolojia zingine za uhandisihai, VS ni ya asili, haidhuru mazingira huku ikizuia mmomonyoko na kuimarisha ardhi na kuboresha mandhari, sio kama vile vizuizi vinginevyo vigumu vya saruji na mawe. Hili ni jambo la muhimu katika sehemu za mijini na viungani ambapo wenyeji hukereka kwa ajili ya mandhari kuharibiwa na maendeleo ya ujenzi wa miundomsingi.
- Matengenezo ya muda mrefu baadaye nayo pia huwa ya gharama ndogo. Kinyume na uhandisi wa kawaida, teknolojia hii ya kijani huendelea kuimarika kadiri nyasi inavyozidi kukomaa. VS inahitaji mikakati ya utaratibu wa matengenezo kwenye miaka miwili ya mwanzo: hata hivyo, Vetiver ikashastawi huwa ni kama haigharimu chochote. Kwa ajili hiyo Vetiver inafaa sana katika maeneo ya mbali mashambani huko ambako ni vigumu kugharimia matengenezo.
- Vetiver inauzuia vizuri sana udongo hafifu wa kummomonyoka na kuondolewa kwa urahisi.
- Vetiver inafaa sana kwenye maeneo ambayo ni ya ajira ya kima cha chini.
- Nyua za Vetiver ni za asilia na za ujuzi wa uhandisi hai, ni kibadala cha vizuizi vigumu na zinachukuana vyema na mazingira.

Hasara:

- Hasara kuu ya VS ni kutostahimili kwake kufunikwa na uvuli hasa wakati inapoanza kukua. Uvuli ukiwa unaifunika shemu sehemu utaifanya nyasi ivie, ukizidi sana utaimaliza kabisa kwa kuziendeleza zile spishi zingine zinazostahimili uvuli. Hata hivyo tatizo hili linaweza kuwa ni faida kwa upande mwingine kama ikiwa Vetiver inahitajika tu iwe mtangulizi wa kuboresha mazingira fulani kabla ya kuleta aina zingine za mimea ya asili ya hapo.
- Vetiver huwa na matokeo mazuri tu baada ya kustawi sawa sawa. Utaratibu mwafaka unahitaji kipindi cha ukuaji cha Kama miezi 2-3 cha hali joto wastani na miezi 4-6 ya hali joto baridi kidogo. Hali hii inaweza kuzingatiwa kwa upanzi wa mapema kwenye msimu wa ukame.
- Nyua za Vetiver huwa na matokeo mazuri kama nyasi zimepandwa karibu karibu ili kushikamana kabisa zikikua. Mianya yoyote ni sharti izibwe mapema kwa upanzi wa ziada.
- Vetiver inahitaji kulindwa sana ili isiliwe na mifugo wakati wa mwanzomwanzo inapoanza kukua.

Kutokana na hizo hoja ziliooroodheshwa hapo juu ni wazi kwamba faida za VS kama kifaa cha uhandisi hai ni muhimu na nyingi zaidi ya hasara zake, hasa pale Vetiver inapotumika kama spishi tangulizi.

Ushahidi wa kilimwengu unapendekeza matumizi ya Vetiver kama kiimarishaji cha kuta na kontua. Vetiver imetumiwa kuimarisha kingo za barabara n.k.huko Australia, Brazili ya kati, Uhabeshi, Fiji, India, Italia, Madagascar, Ufilipino, Afrika Kusini, Sri lanka, Venezuela, Vietnam na Indies Magharibi. Ikitumika pamoja na mbinu zinginezo ufundi jiolojia, Vetiver imetumika kuimarisha kontua huko Nepal na Afrika kusini.

3.8 Kutumia Vetiver pamoja na namna zingine za urekebishaji

Vetiver ina matokeo mazuri ikitumika pekee au pamoja na njia zingine za urekebishaji za tangu zamani. Kwa mfano katika baadhi ya sehemu za mito au mahandaki ukuta wa mawe au saruji unaweza kutumiwa kuimarisha sehemu zilizo chini ya maji huku Vetiver nayo inaimarisha kwa juu. Muungano huu wa uimarishaji unaunda umadhubuti na usalama (ambao si lazima au kupatikana kila wakati). Vetiver inaweza pia kupandwa pamoja na mianzi, ambao ndio mmea wa jadi wa kukinga mito. Tajiriba imeonyesha kuwa matumizi ya mianzi pekee yana matatizo kadhaa walakini yanaweza kusuluhihishwa kwa kuiongezea Vetiver. Kama ilivyoelezwa hapo awali mianzi inaweza kusababisha matatizo makubwa mtoni na kwenye daraja zile zisizojengwa juu sana.

3.9 Kufinyanga Kwa kumpyuta

Programu iliyoundwa na Prati Amati Srl (2006) akishirikiana na Chuo Kikuu cha Milan huamua asilimia au kiwango cha kanitanjiti ambayo huongezwa na mizizi ya Vetiver kwa aina tofauti tofauti za udongo. Mnamokuzwa nyua za Vetiver (software) husaidia kukadiria mchango wa Vetiver kwa kuimarisha miinuko mikali sanasana ile ya udongo. Kwenye hali wastani za udongo na mteremko, kupanda Vetiver kutaongeza uthabiti wa mteremko kwa kiasi kama 40%.

Atumiapo Programu (software) hiyo mwendeshaji anahitaji kuingiza vigezo vya ufundi jiolojia vinavyohusiana na mteremko husika:
- Aina ya udongo.
- Mwinamo wa mteremko.
- Kiwango cha juu zaidi cha unyevu.
- Mshikamano wa udongo wa kiwango cha chini kabisa.

Mpango huo unatoa idadi ya mimea inayotakikana kwa meta moja mraba na umbali kati ya mistari kutegemea mwinamo wa mteremko. Kwa mfano:
- Mteremko wa 30° unahitaji mimea sita kwa meta moja mraba (yaani mimea 7-10 kwa urefu wa meta moja) na umbali wa meta 1.7m (5.7') kati ya mstari mmoja na mwingine.
- Mteremko wa 45° unahitaji mimea 10 kwa meta moja mraba (yaani mimea 7-10 kwa urefu wa meta moja) na umbali wa meta 1m (3') kati ya mstari mmoja na mwingine.

4. MTINDO NA UFUNDI MWAFAKA

4.1 Tahadhari

Mfumo wa Vetiver (VS) ni teknolojia mpya, kama teknolojia yoyote mpya, kanuni zake ni sharti zichunguzwe kwa makini na zitumiwe ipasavyo ili kupata matokeo mazuri zaidi. Kutozingatia itikadi za msingi kutazaa matokeo ya kufisha moyo, au baya kuliko hivyo kuwe na matokeo kinyume ya hasara. Kama mbinu ya kuhifadhi udongo na kwa siku hizi, kifaa cha uhandisihai, matumizi ya VS yanahitaji kufahamu biolojia, sayansi udongo, sayansi ya matumizi ya maji, sayansi maji na mbinu za ujuzijiolojia. Kwa hivyo, kwa miradi wastani hadi ile mikubwa inayojumuisha kiwango kikubwa cha juu cha mtindo na muundo wa uhandisi. VS inafaa zaidi kuanzishwa na mtaalamu mahsusi badala ya wenyeji. Hata hivyo, kupata ujuzi na kusimamia kushirikishwa jamii ni muhimu sana. Kwa hiyo teknolojia hii inapaswa kuundwa na kutekelezwa na wataalumu wa matumizi ya Vetiver kwa ushirikiano wa wataalamu kilimo, wahandisi wa ujuzi ardhi, wakisaidiwa na wakulima wenyeji. Kwa kuongezea, ingawa ni nyasi, Vetiver ina tabia kama za miti, kutokana na mizizi yake mingi na mirefu.

Zaidi ya hayo yote, VS inaweza kuendeleza hali zake tofauti tofauti kwa matumizi ya ainaaina. Kwa mfano ile mizizi yake mirefu huimarisha ardhi, majani yake manene yanatapakaza maji na kunasa udongo uliohamishwa na vilevile ustamilivu wake wa ajabu dhidi ya hali ngumu unaiwezesha kurejesha ubora wa maji au udongo uliochafuliwa. Kutostawi kwa Vetiver mara nyingi kunatokana na matumizi mabaya na wala sio nyasi yenyewe au ile teknolojia iliyopendekezwa. Kwa mfano, kwenye tukio moja huko Ufulipino, Vetiver iltumiwa kuimarisha miinuo kwenye ujenzi wa Barabara Kuu mpya. Matokeo yalikuwa ya kufisha moyo sana kwa ajili ya kutofanikiwa. Baadaye ilikuja kujulikana kwamba wale wahandisi waliounda huo mfumo, nasari ile iliyotoa mbegu na wakaguzi wa nyanjani pamoja na vibarua walioipanda hiyo nyasi hawakuwa na ujuzi wala kupata mafunzo yoyote hapo awali kuhusu matumizi ya VS kwa kuimarisha mteremko.

Tajiriba ya huko Vietnam inaonyesha kuwa Vetiver imefaulu vizuri sana ilipotumiwa sawa sawa. Si ajabu kwamba matumizi mabaya yasiambulie chochote. Matumizi kwenye nyanda za juu za Vietnam Kati yanaonyesha kwamba Vetiver imekinga kontua vizuri sana. Hata hivyo, kati ya matumizi kwa wingi kwenye miinuko iliyo juu na mikali, bila ya kontua (ya kutumika kama benchi) kando kando ya barabara kuu ya Ho Chi Minh, hayakufanikiwa. Kwa kifupi, ili kuhakikisha kuwa ufanisi unapatikana, waamuzi, waundaji na wahandisi wanaopanga kutumia mifumo ya Vetiver kwa kukinga miundo msingi ni sharti wajihadhari ifuatavyo:

Tahadhari za kiufundi:
- Ili kufanikiwa mtindo unaotarajiwa ni sharti upasishwe na watu wenye ujuzi.
- Angalau kwa ile miezi michache ya kwanza wakati mmea unaendelea kustawi pahali ulipopandwa kunapaswa kuwa imara ndani kwa ndani ili kusiwe na uwezekano wowote wa kuporomoka. Vetiver hudhihirisha uwezo wake kikamilifu inapokomaa, ilihali miteremko inaweza kuporomoka kabla ya hapo.
- VS hutumika tu kwenye miteremko yenye udongo na mwinamo ambao kamwe hauzidi 45-50°.
- Vetiver huathiriwa vibaya sana na uvuli, kwa hiyo kuipanda moja kwa moja chini ya daraja au kwenye uvuli wowote kuepukwe kabisa.

Tahadhari kwa wafanya maamuzi, wanamipangilio na watekelezaji:
- Kuzingatia msimu: mpangilio unapaswa kuzingatia misimu na muda unaohitajika kukuza mbegu.
- Matengenezo na urekebishaji: kwenye hatua za mwanzoni Vetiver haimudu chochote. Mipangilio ya bajeti itarajie kupanda mimea mipya badili ya ile inayoharibika.
- Upataji vifaa: vifaa vyote vinaweza, kwa kweli vinapaswa kupatikana hapo hapo (wafanyi kazi wa mkono, mbolea, mbegu, mikataba ya matengenezo) nafasi ya ajira ni kichocheo cha wenyeji wa pahali hapo kulinda mimea michanga, na inapoendelea kustawi na kuendeleza hali nzuri ili ajira hiyo iendelee.
- Ujumuishaji wa jamii: kwa kadiri inavyowezekana, jamii zinapaswa kuhusishwa katika hatua za kupanga, kuleta vifaa,na matengenezo. Mikataba ifanywe na wenyeji ya kusimamia nasari, kuhifadhi viwango na ubora, matengenezo/ ulinzi.
- Muda: wafanyaji maamuzi wanapaswa kujitayarisha kufanya mambo fulani upya ikibidi na kuingiza VS katika mipango na bajeti yao. Kwa ajili hiyo wanahitaji kujumuisha mipangilio ya kupunguza gharama kama vile wanavyokuwa na ushawishi wa kuchukua na kufanya mambo yenye gharama za juu.
- Kuchanganya: waundaji sera wanafaa kuupendekeza mfumo wa Vetiver uwe sehemu moja maalumu ya ulinzi wa miundo msingi ambao unatumika kwa wingi vya kutosha ili kuhakikisha ongezeko la kuridhisha katika utaalamu huo na kusambaza athari zake pole pole.VS isifikiriwe kama suluhisho la pahali fulani tu palipoathirika, ingawa inao uwezo wa kurekebisha pahali popote mara moja.

4.2 Majira ya kupanda

Upanzi wa mmea wa Vetiver ni muhimu sana ili kufanikiwa na kupunguza gharama ya mradi huo. Kupanda mimea wakati wa ukame kutahitaji unyunyiziaji maji kwa wingi ambako ni ghali. Tajiriba ya Vietnam ya Kati inaonyesha kuwa unyunyiziaji maji unahitajika kila siku au hata mara mbili kwa siku pahali pagumu kwenye chungu za mchanga. Maji yakipungua mimea itavia, haitakua. Kwa vile ni vigumu kuchagua wakati bora zaidi wa kupanda kwa wingi sana kwenye miteremko iliyobuniwa kando kando ya Barabara Kuu ya Ho Chi Minh kwa mfano, inabidi kutumia mashine za kunyunyizia maji kila siku katika miezi michache ya mwanzoni.

Kwa kawaida, Vetiver inahitaji, kati ya miezi 3-4 ili ijikite pahali, mara nyingine hata miezi 5-6 ikiwa hali ni mbaya. Upandaji wa Vetiver kwa wingi unafaa ufanyike majira ya mvua kwa sababu Vetiver huwa inaweza kujimudu kwa kufanya kazi ifikapo miezi 9-10 (yaani uanzishaji wa nasari na utoaji wa mbegu upangwe ili upatane na huo upandaji kwa wingi).

Sana sana katika Vietnam kaskazini inawezekana kupanda msimu wa kipupwe na ule wa. Kipindi ambacho hali joto inashuka hadi kufikia chini ya 10°C (50°F) na Vietnam kaskazini, wakati huo nyasi haikui. Ingawa hivyo haifi kwa ajili ya hiyo baridi kali ila inakaa ikisubiri kuanza kukua tena mara tu kunapoingia joto na mvua kuanza kunyesha.

Katika Veitnam ya kati, ambapo kwa kawaida hali joto huwa zaidi ya 15°C (59°F), upandaji kwa wingi hufanywa mwanzo wa msimu wa kuchipua. Nasari zitahitaji uangalifu zaidi ili kuhakikisha ukuaji mzuri na uongezekaji wa vichipuzi.

4.3 Nasari /vitaru

Kufaulu kwa mradi wowote wa aina hiyo kunahitaji mbegu za hali ya juu na vichipuzi vya Vetiver vinavyotosha. Habari za kina juu ya nasari na kuizalisha nyasi zimeshaelezwa katika sehemu ya 2. Kwa kawaida nasari kubwa hazihitajiki ili kutoa mbegu inayohitaka. Badili yake wakulima wenyewe wanaweza wakaanzisha na kusimamia nasari ndogo ndogo katika makazi yao (mita mia kadhaa mraba). Hao watafanya mapatano na kulipwa na mradi kulingana na idadi ya vichipuzi wanavyoweza kutoa vinapohitajika.

4.4 Matayarisho ya upanzi wa Vetiver

Pale ambapo upandaji wa Vetiver huhusisha ushirikiano wa wenyeji, ikiwa upanzi utakuwa na matokeo mema, kampeni kabambe zifanyike kwa kufuatia hatua zifuatazo:

Hatua ya 1: Wataalamu wapatembelee pahali husika, wachunguze na kutambua matatizo ya pahali hapo, kisha na waandae jinsi ya matumizi na teknolojia.

Hatua ya 2: Matatizo na njia za kuyasuluhisha yazungumzwe pamoja na wenyeji.

Hatua ya 3: Wenyeji wafundishwe teknolojia hii mpya kwa mafundisho maalumu na warsha.

Hatua ya 4: Tayarisha majaribio ya utekelezaji kwa kuanzisha nasari, kufanya mikataba ya kununua mbegu, matengenezo n.k.

Hatua ya 5: Fuatilia na kusimamia utekelezaji.

Hatua ya 6: Jadili matokeo ya mradi kielelezo kwa warsha, kutembelea vituo mbali mbali na kubadilishana maoni n.k.

Hatua ya 7: Andaa upanzi kwa wingi.

Ikiwa ni kampuni maalumu zinazoendesha upanzi kwa wingi, zinapendekezwa hatua 1, 4 na 5. Ingawa hivyo ushirikiano na wenyeji bado unahimizwa ili kuwahamasisha, kuzuia uharabu wa ufidhuli na kuhakikisha kuwa miche inalindwa ili isiliwe au kuharibiwa na wanyama.

4.5 Mpangilio

4.5.1 Mteremko asili, ulitokana na shughuli za kibinadamu, mwinamo wa barabara n.k.

*   Ili kuimarisha aina zote za miteremko uhalisi ufuatao unaweza kuzingatiwa. Inapendekezwa kuwa mteremko usizidi 1 (4) [mlalo] 1 (v) [wima] au 45° na mwinamo wa 1.5:1. La sivyo miteremko ya pembe ndogo zaidi ndiyo inayopendekenzwa zaidi popote inapowezekana, hasa katika sehemu zenye udongo legelege na zinazopokea mvua nyingi.
*   Vetiver inapaswa kupandwa kutoka upande mmoja hadi mwingine wa mteremko kufuatiliza kontua,

kukiachwa nafasi ya meta 1.0-2.0 (3.6') kati kati kwenye udongo unaomomonyoka kwa urahisi. Nafasi kati ya mistari ya Vetiver iwe meta 1.0 (3'), walakini kwenye udongo imara nafasi inayoachwa iwe meta 1.5-2.0 (4.5-6').

- Mstari wa kwanza unafaa kupandwa kwenye ncha ya juu ya mwinamo wa barabara. Huu mstari upandwe kwenye miinuo yote iliyo mirefu zaidi ya meta 1.5 (4.5').
- Ule mstari wa chini zaidi upandwe chini mwanzoni mwa mwinuo unapoingiliana na mteremko na kwingineko uwe kwenye kandokando ya ukingo wa nafasi ya kuondoa maji.
- Kati ya mstari wa juu na wa chini zaidi mistari mingine ya Vetiver ipandwe kwa utaratibu uliotolewa hapo juu.
- Kutengeneza benchi au kontua ya upana wa meta 1-3 (3-9) kwa kila hatua ya urefu wa meta 5-8 (15-24') V1 kunapendekezewa miteremko ya urefu unaozidi meta 10 (30').

4.5.2 *Kingo za mito, mmomonyoko wa pwani na vizuizi vya maji visivyo imara*

Kwa kupunguza athari za mafuriko, kwa kukinga pwani, kingo za mito, mahandaki na miinuo, utaratibu ufuatao umependekezwa.

- Mteremko usizidi 1.5 (h) mlalo na 1(v) wima. Mwinamo wa mteremko unaopendekezwa ni 2.5:1. tazama: mfumo wa mahandaki ya bahari katika Hai Hau (Nam Dinh) umejengwa kwenye mteremko wa 3:1 hadi 4:1.
- Vetiver inapaswa kupandwa kwa mielekeo miwili:
  - Kwa kuimarisha kingo ipandwe kwa mistari sambamba na mtiririko unakoelekea (mlalo), katka makisio ya kontua, mistari ikiachana kwa meta 0.8-1 (2.5-3') ikishuka mteremkoni. Mpangilio mwingine wa hivi karibuni wa kuukinga mfumo huo wa Hai Hau (Nam Dinh) ulikuwa wa kutenganisha mistari kwa meta 0.25 (0.8').
  - Ili kupunguza kasi mwelekeo ya mtiririko Vetiver ipandwe kwa mistari ya kawaida (pembe mraba) kukabiliana na mtiririko mistari ikitengana kwa meta 2.0 (6'), kwa udongo legelege na meta 4.0 (12') kwa udongo imara. Kwa kinga ya ziada mistari ya kawaida inapandwa ikiachana kwa meta 1.0 (3') kwenye mahandaki ya mito huko Quang Ngai.
- Mstari wa kwanza wa mlalo upandwe kileleni mwa ukingo na ule wa mwisho chini kabisa kwa ile alama ya pale maji hufikia. Tazama: kwa vile kiwango cha maji hubadilika na misimu katika maeneo mengine, Vetiver inaweza kupandwa hata chini zaidi kwa wakati maji yanapopungua sana.
- Vetiver inapaswa kupandwa kwenye mstari wa kontua kufuatizia urefu wa ukingo kati kati ya ule wa kileleni na ule wa chini kulingana na mpangilio wa utenganishi mistari ulioelezwa hapo juu.
- Kwa ajili ya wingi wa maji, mistari ya chini inaweza kustawi pole pole zaidi ya ile ya juu. Ikiwa hivyo basi mistari hiyo ya chini ipandwe wakati udongo unapokuwa na unyevu kidogo sana. Mifumo mingine ya Vetiver hutumiwa kwa kukinga mahandaki ya kuzuia umunyu, kwenye hali hizo, maji yanaweza kuzidi sana umunyu katika misimu fulani ya mwaka,hilo linaweza kuathiri ukuaji wa Vetiver.Tajiriba ya Quang Ngai inaonyesha kwamba nafasi ya Vetiver inaweza kuchukuliwa na mimea mingine ya asili inayostahimili umunyu huo, kama vile aina fulani za mikoko.
- Kwa matumizi yote VS inaweza kutumika pamoja na vizuizi vingine vya kawaida kama vile, mijengo ya mawe, saruji na kuta zinginezo za kuzuia maji. Kwa mfano sehemu ya chini ya handaki au mwinuo inaweza kuwa ya mchanganyiko wa mawe mawe na vifaa vingine vya aridhini huku sehemu ile ya juu imekingwa kwa nyua za Vetiver.

4.6 *Taratibu za upandaji*

- Ichimbwe mifereji yenye upana na kina cha vipimo vya sentimeta 15-20 cm (6-8").
- Panda mbegu zenye mizizi ya kutosha (na vichipuo 2-3 kwa kila moja)| kati kati ya kila mfereji ukiacha ya nafasi milimeta 100-120 (4-5") kati ya mmea mmoja na mwingine katika udongo ambao ni rahisi kumomonyoka, kwenye udongo imara wa kawaida nafasi iwe ya milimeta 150 (6").

- Kwa ajili ya ukosefu wa rutuba katika udongo wa miteremko ya aina zote, inapendekezwa itumike mimea iliyohifadhiwa kwenye vyungu au mabomba kwa upanzi wa mbegu kwa wingi na ustawi wa haraka. Kuongeza kiasi kidogo cha tope laini la udongo na samadi ni bora zaidi. Ili kukinga kingo za mito za asili ambazo huwa na udongo wenye rutuba, na unyunyizaji wa maji hauna tashwishi yoyote, kupanda mbegu ya Vetiver vile ilivyo na mizizi yake wazi kunatosha tu.
- Mizizi ifunikwe kwa kiasi cha udongo cha milimeta 200-300 (8-12") na upigiliwe vizuri.
- Rutubisha kwa chumvichumvi za Nitrojeni na Fosferasi kama vile DAP (Di- Ammonium Phosphate) au NPK (Tazama : kutokana na majaribio ya hapo awali mboji ya Potash haifai sana kwa Vetiver). Kiasi cha mbolea kiwe gramu 100 (3.5 oz) kwa kila mstari. Kiasi hicho hicho cha chokaa ni muhimu wakati wa kupanda Vetiver kwenye udongo wa asidi na Sulfati.
- Nyunyiza maji siku hiyo hiyo ya kupanda.
- Ili kupunguza magugu wakati wa mwanzoni ni vyema kutumia aina ya dawa ya kiua magugu kama vile Atrazine.

4.7 Matengenezo

Unyunyuziaji maji
- Wakati wa kiangazi ni sharti kunyunyizia maji kila siku kwenye majuma mawili ya kwanza, baada ya hapo kila baada ya siku moja.
- Endelea kunyunyiza maji mara mbili kwa wiki.
- Mimea iliyokomaa haihitaji kuendelea kunyunyiziwa maji.

Kurejelea upandaji
- Rejelea kupanda upya mimea yote iliyokufa au iliyobebwa na maji kwenye mwezi wa kwanza wa ukuaji.
- Endelea na ukaguzi hadi mimea imestawi vya kuridhisha.

Uzuiaji magugu
- Zuia magugu yasiote kabisa hasa aina ya kutambaa katika mwaka wa kwanza.
- HATA KAMWE USITUMIE aina ya kiua magugu iitwayo "Round up" (glyphosphate). Vetiver hudhurika nayo, isitumike ati kuzuia magugu kati kati ya mistari.

Urutubishaji
Katika udongo usio na rutuba aina ya fatalaiza ya DAP na NPK itumiwe mwanzo wa msimu wa pili wa mvua.

Ukataji
Baada ya miezi mitano, upunaji kwa kukata ni muhimu sana. Mimea inapaswa ikatwe hadi kusalia na urefu wa sentimeta 15-20 (6-8'). Mbinu hii huongezea ukuaji wa miche mipya kutoka chini ya shina na pia hupunguza kiasi cha majani yanayokauka ambayo yanaweza kufunika vichipuzi vichanga. Ukataji huo wa majani makavu hunadhifisha mandhari na kupunguza hatari ya moto.

Majani yaliyokatwa pia yanaweza kulishwa mifugo, kwa kazi za mikono au hata kwa uezekaji. Walakini nyasi zilizopandwa kwa kuzuia maafa zisitumiwe sana kwa matumizi mengine. Ukataji mwingine unaweza kufanywa mara mbili au tatu kila mwaka. Uangalifu unahitajika ili kuhakikisha kuwa nyasi ina urefu wa kutosha kustahimili pepo kali za tufani za (typhoon). Msimu huo ukishapita nyasi inaweza kukatwa. Wakati mwingine unaofaa kwa ukataji ni kama miezi mitatu kabla ya msimu wa pepo za tufani kuanza.

Nyua na utunzaji
Uwekaji wa nyua na uangalizi wa hali ya juu unahitajika wakati wa miezi kadhaa ya mwanzoni, kutokana na

uharibifu wa kimakusudi au ushambulizi wa mifugo. Mashina ya Vetiver iliyokomaa ni magumu na hayaliwi na ng'ombe.

5. MATUMIZI YA (VS) KWA KUPUNGUZA MAAFA NA KUKINGA BARABARA NCHINI VIETNAM

5.1 Matumizi ya VS kwa kukinga chungu za mchanga Vietnam ya kati

Eneo kubwa la zaidi ya hekta 70,000 (ekari 175,000) lililo kandokando ya pwani ya Vietnam kati limetandwa na chungu za mchanga , udongo na hali anga ya huko ni ngumu sana. Pepo kali za kupeperusha mchanga huvuma mara kwa mara na kuhamisha chungu za mchanga. Hali kadhalika mchanga huo hutiririshwa na vijito vingi vilivyosheheni hapo. Mchanga huo wa kupeperushwa na wa kutiririshwa huhamishwa kwa wingi kuelekea barani kwenye ukanda mwembamba wa pwani ya Vietnam kati 'ndimi' kubwa kabisa za mchanga zinaipenyeza hiyo pwani kila uchao. Kwa muda mrefu serikali imezingatia mpango wa upandaji miti ili kufuga msitu kwa kutumia aina za mimea kama vile mivinje, minanasi mwitu, mikalitusi na mingineyo. Hata hivyo ikishakua kabisa inaweza kusaida kupunguza upeperushaji wa mchanga. Hadi sasa hakujapatikana namna ya kupunguza mtiririko wa mchanga. (Miti haiwezi kuimarisha chungu za mchanga hasa upande ule zinakoelekea, jambo hili lilijaribiwa Afrika kaskazini na shirika la FAO kwa gharama kubwa sana walakini halikufanikiwa).

5.1.1 Majaribio na uendelezaji wa matumizi ya vs kwa kukinga chungu za mchanga katika pwani ya mkoa wa Quang Binh

Mnamo Februari 2002, Dkt Elise Pinners akitoa msaada wa kiteknolojia alishirikiana na Pham Hong Due Phuoc, Tran Tan Van wa RIGMR kwa ufadhili wa Ubalozi wa Uholanzi idara ya miradi midogo, walianzisha majaribio ya kuimarisha chungu za mchanga kwenye pwani ya Vietnam kati. Kuna mojawapo ya chungu hizo iliyokuwa imemomonyolewa vibaya sana na kijito kilichokuwa kama mpaka wa asili kati ya wakulima na mradi wa msitu. Mmomonyoko huo uliendelea kwa miaka kadhaa, matokeo yake yakaleta ugomvi kati ya wakulima na wanamradi. Vetiver ilipandwa kwa mistari kufuatia mistari ya kontua za chungu ya mchanga. Baada ya miezi minne ikawa nyua zilizofungamana na kusimamisha chungu ya mchanga. Wana mradi wa msitu walifurahia sana na kuamua kupanda Vetiver kwa wingi sana kwenye chungu zinginezo za mchanga na pia kama kinga kwa miinuo ya daraja. Wenyeji walizidi kustaajabishwa na Vetiver jinsi ilivyostahimili na kutoangamizwa na msimu uliokuwa na baridi kali zaidi kwa miaka kumi, ambapo nyuzi joto zilishuka chini ya 10°C (50°F) na kuwalazimu wakulima kuyapanda mashamba yao ya mpunga safari mbili pamoja na mivinje. Baada ya miaka miwili, zile spishi za kienyeji (sanasana mivinje na minanasi mwitu) zikastawi.Nyasi yenyewe ilimalizika kwa ajili ya uvuli, baada ya kutimiza lengo la uwepo wake. Mradi huo ulithibitisha kwa mara nyingine tena, kuwa ikitunzwa sawasawa, Vetiver inaweza kustahimili hali mbaya kabisa ya udongo na hali hewa - Tazama Picha ya 2.

Picha ya 2: Kushoto: Mtiririko wa mchanga katika Le Thuy (Quang Binh) 1999. Kulia: Msingi wa stesheni ya pampu; na nyumba ya vyumba vitatu ya mwanamke anayeonekana pichani.

Kulingana na Henk Jan Verhagen wa Chuo Kikuu cha Ufundi cha Delft (pers comm) Vetiver itaweza kuwa na matokeo mazuri katika kupunguza upeperushaji wa mchanga (lundo la mchanga). Kwa madhumuni hayo, nyasi itapandwa kwa upande wa mwelekeo wa upepo, hasa katika sehemu za chini katikati ya chungu za mchanga ambapo ndipo kasimwelekeo ya upepo hasa huongezeka. Kwenye kisiwa cha Pintang nchini Uchina, pwani ya mkoa wa Fujian, nyua za Vetiver zilipunguza vilivyo kasi mwelekeo ya upepo na pia kiasi cha mchanga wa kupeperushwa.

Kufuatia ufanisi wa huo mradi tangulizi warsha iliandaliwa mapema 2003. Zaidi ya wawakilishi 40 kutoka idara za serikali ya mitaa, mashirika yasiyo ya kiserikali (NGO) Chuo Kikuu cha Vietnam kati na mikoa ya pwani ilishiriki. Warsha hiyo iliwasaidia waandishi wa hiki kitabu na washiriki wengine kukusanya na kuunganisha taratibu zingine za kienyeji hasa kuhusu nyakati za upanzi, unyunyizaji maji na urutubishaji. Kufuatia tukio hilo, shirika la World Vision nchini Vietnam liliamua kufadhili mradi mwingine katika wilaya za Vinh Linh na Trieu Phong mkoani Quang Tri, mwaka huo huo wa 2003 kwa kutumia Vetiver ili kuimarisha chungu za mchanga. Picha ya 3-7.

Picha ya 3: Kushoto: Mapema Aprili 2002, mwezi mmoja baada ya kupanda Kulia: Eneo linavyoonekana. .

Picha ya 4: Kushoto: Mapema Julai 2002 miezi 4 baada ya kupanda. Kulia: Novemba 2002, mistari ya nyasi iliyostawi na kushikamana.

Picha ya 5: Kushoto: Nasari ya Vetiver. Kulia: Novemba 2002 kupanda kwa wingi.

Picha ya 6: Kushoto: Vetiver inakinga mwinuo wa daraja kando ya barabara kuu ya Nat. nr.1. Kulia: Desemba 2004 spishi za asili zimechukua pahali pa Vetiver.

Picha ya 7: Kushoto: Katikati ya Feburuari 2003 ziara ya baada ya warsha; tazama Vetiver inastahimili hata majira ya baridi kali zaidi kwa miaka 10. Kulia: Juni 2003 wakulima kutoka mkoa wa Quang Tj wanatembelea nasari ya mtaani ziara ya nyanjani iliyofadhiliwa na shirika la World Vision Vietnam.

5.2 Matumizi ya vs ili kuzuia mmomonyoko wa kingo za mito

5.2.1 Matumizi ya vs kwa kuzuia mmomonyoko wa kingo za mto vietnam kati

Katika mradi huo huo wa Ubalozi wa Uholanzi uliotajwa hapo awali. Vetiver ilipandwa kuzuia mmomonyoko wa kingo wa mto fulani, kwenye ukingo wa kidimbwi cha kufuga kamba wadogo, kwenye mwinamo wa barabara katika mji wa Da Nang. Mwezi Oktoba 2002, idara ya mahandaki pia ikapanda kwa wingi kwenye sehemu za kingo za mito kadhaa. Baada ya hapo halmashauri ya mji ikaamua kufadhili mradi wa kuimarisha miteremko iliyotokea kwa shughuli za ujenzi kwa kupanda Vetiver kandokando ya barabara ya milimani inayokwenda kwenye mradi wa migomba huko Da Nang, hii inaonyesha kasi ile ambayo matumizi ya Vetiver yalivyochukulika. Picha ya 8 -10.

Picha ya 8: Kushoto: Marchi 2002 majaribio ya upanzi wa Vetiver kwenye ukingo wa kidimbwi cha kamba wadogo ambamo mfereji hupeleka maji ya mafuriko kwenye mto Vinh Dien. Kulia: Novemba 2002: kupanda kwa wingi VS ikitumiwa pamoja na mawemawe ili kukinga ukingo wa mto Vinh Dien.

Picha ya 9: Kushoto: Desemba 2004 Vetiver iliyotumiwa pamoja na mawemawe inastawi baada ya misimu miwili ya mafuriko (Da Nang). Kulia: ikiwa imepandwa na wakulima wenyeji ili kukinga vidimbwi vyao vya kamba wadogo.

Picha ya 10: Kushoto: Vetiver na mawemawe (kwa juu) na fremu ya saruji (kwa chini) ikikinga mwinuo. Kulia: kona katika ukingo wa mto Perfume katika Hue.

Picha ya 11: Kushoto: Vetiver iliyopandwa kwenye handaki la mtoni kandokando ya mto Tra Bong. Kulia: Mistari ikiwa sambamba na handaki la uzuiaji wa umunyu kandokando ya mto huohuo.

5.2.2 Majaribio na maendeleo ya matumizi ya VS kwa kukinga kingo za mto huko Quang Ngai

Kama matokeo mengine tena ya huo mradi tangulizi, Vetiver ilipendekezwa kutumika kwa mradi mwingine wa upunguzaji wa athari za maafa ya asili katika mkoa wa Quang Ngai, uliofadhiliwa na AUS Aid. Kwa msaada wa kiufundi wa Tran Tan Van Julai 2003, Vo Thanh Thuy na wafanyi kazi wenzake kutoka kituo cha kuendeleza kilimo walipanda Vetiver kwenye maeneo manne, mifereji ya unyunyizaji maji katika wilaya kadhaa na mahandaki ya kuzuia kuingia kwa maji ya bahari. Vetiver ilistawi kwenye maeneo yote na licha ya uchanga wake haikuharibiwa na mafuriko yaliyotokea mwaka huo huo. Picha ya 11-14.

Kufuatia majaribio haya yaliyofaulu, wanamradi waliamua kuipanda kwa wingi kwenye zile sehemu nyingine za mahandaki kwenye wilaya tatu zingine wakiitumia pamoja na mawemawe. Miundo mpya ilianzishwa ili kuifanya Vetiver ichukuane vyema zaidi na hali na mazingara kwa kujumuisha mivinje na nyasi zingine zinazostahimili umunyu mwingi kule chini kabisa ili kukinga kipenyo cha mwinuo. Inatia moyo sana kuona kuwa wenyeji wanaendelea zaidi na zaidi kutumia Vetiver kulinda shamba zao.

Picha ya 12: Kushoto: Kwa upande wa juu sehemu ya handaki la kuzuia umunyu kwenye sehemu ya mawemawe inayokabiliana na mto. Kulia: kandokando ya sehemu ya mfereji wa kunyunyiza maji mmomonyoko wa juujuu unaharibu ng'ambo ile ya pili.

Picha ya 13: Kushoto: ukingo uliomomonyoka vibaya wa mto Tra Khuc katika kijiji cha Binh Tho. Kulia: kinga ya kizamani ya magunia ya mchanga.

Picha ya 14: Kushoto: Jamii ikishirikiana kupanda Vetiver. Kulia: Novemba 2005 ukingo uko imara baada ya msimu wa mafuriko.

5.2.3 Matumizi ya VS kwa kuzuia mmomonyoko katika delta ya kingo za mto Mekong

Kwa usaidizi wa kifedha na Foundation ya Donner na msaada wa kiufundi wa Paul Truong, Le Viet Dung na wenzake wa Chuo Kikuu cha Can Tho walianzisha miradi ya kuzuia mmomonyoko katika delta ya mto Mekong. Eneo hili huwa majira marefu ya kugharikishwa na maji (hadi miezi mitano) wakati wa mafuriko, kunakuwa na mabadiliko makubwa ya kiasi cha maji kuwa kina cha meta 5 (15') kati ya wakati wa ukame na wa mafuriko na maji yakiwa na mtiririko wa nguvu sana majira ya mafuriko. Zaidi ya hayo, kingo za mto huwa za aina tofauti tofauti za udongo kutoka ule wa aluvia hadi ule wa tifutifu ambazo ni aina za kumomonyoka kwa urahisi sana zikishalowama. Kwa ajili ya kuimarika kiuchumi kwa miaka ya hivi karibuni, mengi ya mashua zinazoutumia mto zinaendeshwa kwa mashine. Nyingi zikiwa na injini za nguvu ambazo zinazidisha mmomonyoko wa kingo kwa kusababisha mawimbi makali. Ingawa hivyo Vetiver imekaa imara ikizikinga sehemu kubwa sana za thamani za kilimo ili zisimomonyoke. Picha ya 15 na ya 16.

Picha ya 15: Kushoto: Mkoani An Giang Vetiver ikiimarisha handaki la mtoni. Kulia: kingo ya mto ya kiasili.

Mpango kabambe wa Vetiver umeanzishwa mkoani An Giang, ambapo mafuriko ya kila mwaka hufikia kina cha meta 6 (18'). Jumla ya urefu wa mfumo wa mifereji ni kilometa 4,932 (maili 3,065) nao unahitaji matengenezo na urekebishaji kila mwaka. Nayo mahandaki yana mfumo wa jumla ya kilometa 4,600 urefu wake unaokinga dhidi ya mafuriko hekta 209,957 (ekari 525,000) za eneo kilimo muhimu sana. Mmomonyoko kwenye mahandaki haya ni wa kiwango cha 3.75mm 3/kwa mwaka na kulihitajika milioni 1.3 za dola za kimarikani (USD) ili kufanya marekebisho.

Eneo hili pia linajumuisha vijiji 181 vilivyojengwa kwa vifaa vilivyozolewa kutoka majini ambavyo navyo pia vinahitaji kukingwa na mmomonyoko na pia mafuriko. Kulingana na eneo na kina cha mafuriko, Vetiver

---

Picha ya 16: Kushoto: Vetiver iliyopandwa ukingoni mwa vituo vya makazi ya kubuniwa. Kulia: Alama (nyekundu) zinapambanua eneo la meta 5 (futi 15) la nchi kavu lililookolewa na Vetiver.

imetumika na kufaulu ikiwa peke yake na vile vile pamoja na mimea mingine ili kuziimarisha sehemu hizi. Matokeo yake ni kuwa sasa mistari ya Vetiver ndiyo iliyo sambamba na mifumo ya mahandaki ya bahari na ya mto na pia kingo za mto na mifereji ya eneo la delta ya mto Mekong. Takriban milioni mbili za mifuko ya plastiki ya Vetiver ambayo ilitumika kwa kupandwa kwenye urefu wa kilometa 61 (maili 38) ili kukinga mahandaki kutoka mwaka 2002 hadi 2005. Picha 15-16.

Kati ya mwaka 2006 na 2010 wilaya 11 za mkoa wa An Giang zinatarajiwa kupanda nyua za Vetiver za urefu wa kilometa 2,025 (maili 1,258) kwenye eneo la hekta 3,100 (ekari 7,660) katika mahandaki. Ambayo kama hayakukingwa kiasi cha udongo cha 3,750 mm3 kinaweza kumomonyoka na kusababisha kiasi cha 5mm3 cha udongo kuweza kuzolewa kwenye mifereji. Kulingana na gharama ya matengenezo ya huo muda wote (2006-2010) ingekuwa zaidi ya USD milioni 15.5 (dola za kimarikani) katika mkoa huu peke yake. Matumizi ya mfumo wa Vetiver katika eneo hili la mashambani yataleta mapato ya ziada kwa wenyeji kwa njia hizi: Wanaume kuajiriwa kupanda na wake na watoto kutayarisha mifuko ya plastiki ya kupandia mbegu.

5.3 Matumizi ya vs kwa kuzuia mmomonyoko pwani

Chini ya usimamizi wa Donner Foundation na msaada wa kiufundi wa Paul Truong Le Van Du wa Chuo Kikuu cha Kilimo Misitu cha mji wa Ho Chi Minh, mwaka wa 2001 kazi kwenye udongo wa asidi sulfati ilianzishwa ili kuimarisha mifereji na mifereji mifumbi ya kunyunyizia maji na mfumo

Picha ya 17: ilipopandwa nyuma ya mivinje ya asili kwenye udongo wa asidi sulfati wa handaki la bahari mkoa wa Go Cong, Vetiver imepunguza mmomonyoko wa juu juu na kuendeleleza ustawi wa nyasi za kienyeji.

wa mahandaki ya bahari mkoani Go Cong. Vetiver ilikua vizuri kabisa kwenye miinuo ndani ya miezi michache tu, licha ya udongo kutokuwa na rutuba. Kwa sasa Vetiver inakinga mahandaki ya bahari na pia kuzuia mmomonyoko wa juu juu huku ikiziwezesha spishi za asili kustawi. Picha ya 17 na ya 18.

Picha ya 18: Kushoto: katika Vietnam kaskazini Vetiver imepandwa kwa upande wa nje wa handaki jipya la bahari mkoani Nam Dinh. Kulia: kwa upande wa ndani wa handaki Vetiver imepandwa na idara ya mahandaki ya pahali hapo.

Kwa mapendekezo ya Tran Tan Van, chama cha Msalaba Mwekundu cha Denmarrk mwaka wa 2004 kilitoa ufadhili wa pesa kwa mradi tangulizi kwa matumizi ya Vetiver ili kukinga mahandaki ya bahari wilayani Hai Hau, mkoa wa Nam Dinh. Picha ya 18. Wanamipango wa mradi walishangazwa na kufurahishwa kwa kugundua kwamba Vetiver ilikuwa imestawishwa tayari kwa kuwa ilikuwa imepandwa miaka michache iliyotangulia, Vetiver ilikuwa inakinga kilometa kadhaa kwa upande wa ndani wa mfumo wa mahandaki ya bahari. Ingawa mtindo huo haukuwa wa kawaida, upandaji huo ulikuwa unafanya kazi na muhimu zaidi ulikuwa umewahakikishia kabisa wenyeji wa hapo kwamba Vetiver inayo matokeo mwafaka sana. Baada ya kimbunga cha typhoon namba 7 Septemba 2005 kuharibu sehemu zilizojengwa kwa mawemawe, uwezo na uthabiti wa Vetiver uliaminika kabisa. Wakulima wa pahali hapo waliomba mbegu za kuipanda Vetiver kwa wingi sana sana.

5.4 Matumizi ya vs kwa kudumisha uthabiti wa miinuo ya barabara

Kufuatia ufanisi wa majaribio yaliyofanywa na Pham Hong Duc Phuoc (wa Chuo Kikuu cha Kilimo-Misitu cha mji wa Ho Chi Minh) na kampuni ya Thien Sinh, katika kutumia Vetiver kuimarisha miteremko ya kubuniwa kwenye sehemu ya Vietnam kati, mwaka wa 2003, wizara ya uchukuzi iliidhinisha matumizi ya Vetiver kwa wingi ili kuimarisha mamia ya kilometa za miinuo ya Barabara Kuu ya Ho Chi Minh na barabara zingine kuu za taifa, mikoa ya Quang Ninh, Dan Nang, na Khanh Hoa.

Mradi huu ni mmojawapo wa miradi mikubwa zaidi ulimwenguni ya matumizi ya VS kwa ukingaji wa miundo msingi. Barabara kuu yote ya Ho Chi Minh ina urefu wa zaidi ya kilometa 3000 (maili 1864). Inaendelea na bado itaendelea kukingwa na Vetiver iliyopandwa kwenye aina tofauti tofauti za udongo na pia hali hewa: kutokana na aina ya udongo mwembamba sana wa nyanda za juu milimani kwenye baridi kali sana sehemu za kaskazini hadi aina ya udongo wa kiwango cha juu cha asidi na asidi sulfati kwenye hali hewa ya joto jingi na unyevu mwingi wa sehemu za kusini. Matumizi hayo ya Vetiver kwa wingi ili kuimarisha miteremko ya aina hiyo una mafanikio, kwa mfano:

Picha ya 19: Kushoto: Vetiver ikiimarisha mteremko uliobuniwa kando kando ya Barabara Kuu ya Ho Chi Minh. Kulia: ikiwa pekee na pia pamoja na njia zingine za ukingaji za kizamani.

- Inapotumika kimsingi kwa madhumuni ya kukinga mteremko, hupunguza sana kiwango cha mmomonyoko ambao ungesababishwa na maji ya kushuka juu ya mteremko, ambao ungeleta uharibifu mwingi sehemu za chini yanakoshukia. Picha ya 20 na 21.
- Kwa kuzuia maporomoko madogo madogo inaimarisha miteremko hiyo na hapo hapo kupunguza idadi ya maporomoko makubwa.
- Kwenye maeneo fulani ambapo maporomoko makubwa hutokea, bado Vetiver inafanya kazi nzuri ya kuyachelewesha na kuyapeleka pole pole maporomoko hayo na pia kupunguza kiasi cha vifusi ambavyo vingeporomoka.
- Inadumisha uzuri wa mashambani na mwiano wa kimazingira wa barabara.

Picha ya 20: Kushoto: taka za mchanga na mawe zilizotupwa ovyo zinashuka chini. Kulia: athari zake kwa kijiji kimoja wilayani A Luoi mkoa wa Thua Tien Hue.

Katika barabara inayoelekea kwenye Barabara Kuu ya Ho Chi Minh, Pham Hong Duc Phuoc alionyesha waziwazi jinsi VS inavyopaswa kutumiwa, pamoja na matokeo yake mazuri na ya mfululizo. Picha ya 22.

Picha ya 21: Mwanya wa Da Deo huko Quang Binh; Kushoto: Mimea imeharibiwa, inaonyesha mandhari mbovu na uharibifu ulioendelea wa miteremko iliyobuniwa. Kulia: mistari ya Vetiver juu ya mteremko ukishuka chini pole pole, huku ukipunguza sana maporomoko.

Picha ya 22: Picha mbili za kushoto: Pham Hong Duc Phuoc, mradi wa ukingaji barabara mkoani Khanh Hao, iendayo Hon Ba zaonyesha mmomonyoko mbaya sana kwenye mwinuko uliofanywa si kitambo baada ya mvua kidogo kunyesha. Picha mbili za kulia: miezi minane baada ya upanzi wa Vetiver, iliimarisha mteremko huu na kukomesha mmomonyoko kabisa wakati wa msimu wa mvua uliofuatia.

Jedwali la 6: Kina cha mizizi kwenye miinuo ya barabara ya Ho Ba.

Kwenye mwinuko	Kina cha mizizi (sentimeta /inchi)			
	Miezi 6	Miezi 12	Mwaka 1.5	Miaka 2
Mwinuo uliokatwa				
Chini kabisa	70/28	120/47	120/47	120/47
Katikati	72/28	110/43	100/39	145/57
Juu kabisa	72/28	105/41	105/41	187/74
Mjazo wa mwinuo				
Chini kabisa	82/32	95/37	95/37	180/71
Katikati	85/33	115/45	115/45	180/71
Juu kabisa	68/27	70/28	75/30	130/51

Alifuatiliza kwa makini maendeleo ya Vetiver: tangu mwanzo (65-100%) hadi kukua (95-160 sentimeta) (37-63') baada ya miezi sita) kiwango cha uchipuzi (vichipuzi 18-30 kwa kila mmea) pamoja na upenyezi wa mizizi kwenye mwinuo. Taz. Jedwali la. 6 hapo juu.

Kufanikiwa na kutofanikiwa kwa matumizi ya Vetiver kwa kukinga miteremko iliyobuniwa kandokando ya Barabara Kuu ya Ho Chi Minh kunaonyesha mambo yafuatayo:
- Ni sharti miteremko iwe imara ndani kwa ndani kwanza. Kwa sababu Vetiver inakuwa na manufaa za-idi inapokomaa, maporomoko yanaweza kutokea kipindi cha uchanga wake. Vetiver inaanza kukomaa baada ya miezi mitatu hadi mine,kwa ule wakati wa mapanzi zaidi. Kwa hiyo basi ni muhimu sana kukadiria muda wa upanzi kwa uangalifu vilivyo iwapo maporomoko ya ardhi yataepukwa wakati wa mvua.
- Pembe ya mwinamo wa mteremko isizidi digrii 45-50.
- Upunaji au ukataji wa kupunguza majani wa mara kwa mara utaiwezesha Vetiver kuendelea kukua zaidi na kuongeza vichipuzi zaidi na kufanya nyua ziwe nene na zenye matokeo bora ya uimarishaji.

6. HITIMISHO

Kufuatia utafiti mwingi uliofanywa na ufanizi wa mengi ya matumizi yalioelezewa katika sehemu hii, sasa tunao ushahidi wa kutosha ya kwamba Vetiver ikiwa na faida nyingi sana na hasara chache, ni njia inayofaa, ya gharama ya chini, inayojumuisha jamii za wenyeji, inaingiliana vizuri na mazingira, inayojiendeleza, kifaa cha uinjinia-hai cha kukinga miundomisingi na hupunguza makali ya maafa ya kimaumbile, na ikiisha kustawi mmea huo huendelea kudumu kwa miongo kadhaa ikihitaji matengenezo machache sana. VS imetumika na kufaulu katika nchi nyingi za ulimwengu nazo ni: Australia, Uhabeshi, Brazili, India, Italia, Malaysia, Nepal, Ufilipino, Afrika kusini, Sri Lanka, Thailand, Venezuela na Vietnam. Hata hivyo inasisitizwa sana kwamba, njia muhimu zaidi za kuleta mafanikio ni: mbegu ya kupanda iwe ya hali ya juu, kuwe na mpangilio mwafaka, na mbinu za upanzi ziwe za sawa ipasavyo.

7. MAREJELEO

Bracken, N. and Truong, P.N. (2 000). Application of Vetiver Grass Technology in the stabilization of road infrastructure in the wet tropical region of Australia. Proc. Second International Vetiver Conf. Thailand, January 2000.

Cheng Hong, Xiaojie Yang, Aiping Liu, Hengsheng Fu, Ming Wan (2003). A Study on the Performance and Mechanism of Soil-reinforcement by Herb Root System. Proc. Third International Vetiver Conf. China, October 2003.

Dalton, P. A., Smith, R. J. and Truong, P. N. V. (1996). Vetiver grass hedges for erosion control on a cropped floodplain, hedge hydraulics. Agric. Water Management: 31(1, 2) pp 91-104.

Hengchaovanich, D. (1998). Vetiver grass for slope stabilization and erosion control, with particular reference to engineering applications. Technical Bulletin No. 1998/2. Pacific Rim Vetiver Network. Office of the Royal Development Project Board, Bangkok, Thailand.

Hengchaovanich, D. and Nilaweera, N. S. (1996). An assessment of strength properties of vetiver grass roots in relation to slope stabilisation. Proc. First International Vetiver Conf. Thailand pp. 153-8.

Jaspers-Focks, D.J and A. Algera (2006). Vetiver Grass for River Bank Protection. Proc. Fourth Vetiver International Conf. Venezuela, October 2006.

Le Van Du, and Truong, P. (2003). Vetiver System for Erosion Control on Drainage and Irrigation Channels on Severe Acid Sulfate Soil in Southern Vietnam. Proc. Third International Vetiver Conf. China, October 2003.

Prati Amati, Srl (2006). Shear strength model. "PRATI ARMATI Srl" info@pratiarmati.it .

Truong, P. N. (1998). Vetiver Grass Technology as a bio-engineering tool for infrastructure protection. Proceedings North Region Symposium. Queensland Department of Main Roads, Cairns August, 1998.

Truong, P., Gordon, I. and Baker, D. (1996). Tolerance of vetiver grass to some adverse soil conditions. Proc. First International Vetiver Conf. Thailand, October 2003.

Xia, H. P. Ao, H. X. Liu, S. Z. and He, D. Q. (1999). Application of the vetiver grass bio-engineering technology for the prevention of highway slippage in southern China. International Vetiver Workshop, Fuzhou, China, October 1997.

Xie, F.X. (1997). Vetiver for highway stabilization in Jian Yang County: Demonstration and Extension. Proceedings abstracts. International Vetiver Workshop, Fuzhou, China, October 1997.

SEHEMU YA 4 - MFUMO WA VETIVER KUTUMIKA KWA KUZUIA NA KU-TIBU UCHAFUZI WA MAJI NA ARDHI

YALIYOMO

1. UTANGULIZI

Katika kufanya utafiti wa jinsi ya kutumia hali zake za ajabu za kimaumbile ili kuhifadhi udongo na maji, iligunduliwa kuwa Vetiver ina maumbile na mofolojia yenye tabia ambazo zinafaa sana kwa kukinga mazingira, hasa kwa kuzuia na kutibu maji na ardhi. Haya maumbile ya ajabu yanajumuisha ustahimilivu wa hali ya juu wa kiwango kilichopanda sana hadi hata kufikia kuwa sumu cha; umunyu, asidi, Alkali, magadi na aina tofauti tofauti za madini mazito na kemikali kilimo, pamoja na uwezo wake wa kipekee wa kufyonza na kustahimili viwango vya juu vya virutubishi, kunyonya maji mengi katika maendeleo yake ya kukua sana ikiwa kwenye hali chepechepe.

Matumizi ya mfumo wa Vetiver (VS) kwa kutibu maji taka ni njia mamboleo iliyovumbuliwa ya teknolojia ya urekebishaji ambayo ina uwezekano mkubwa wa kufaulu. VS ni suluhisho la kijani kibichi, rahisi, inaweza kufanyika, na ya gharama ndogo.Muhimu zaidi ya yote ni kuwa majani ya Vetiver ni pato la ziada linalotumika kwa namna nyingi kama vile kwa kazi za mikono, kulisha mifugo, kuezeka nyumba, fueli na matandazo- tumetaja chache tu.

Matokeo yake mazuri sana, urahisi na gharama ndogo inaufanya mfumo wa Vetiver kuwa mshirika anayekaribishwa kwa ukunjufu na nchi za tropiki na zile zinazopakana nazo ili kutoa huduma ya tiba ya majitaka ya kutoka nyumbani, mijini na viwandani na pia kutekeleza urekebishi wa umeaji na kurudisha ubora.

2. JINSI MFUMO WA VETIVER UNAVYOFANYA KAZI

VS inazuia na kutibu udongo na maji yaliyochafuliwa kwa njia zifuatazo:
- Kuondoa kabisa au kupunguza kiasi cha maji taka.
- Kuboresha maji taka na maji yaliyochafuliwa.
- Kuzuia na kutibu uchafuzi wa ardhi.
- Kuzuia uchafuzi wa kando ya pahala panapofanyika shughuli itoayo mabaki ya uchafuzi.

- Kurejesha umeaji wa mimea kwenye ardhi iliyochafuliwa.
- Kunasa udongo na taka za mmomonyoko katika maji yanayoshuka mteremkoni.
- Kutibu virutubishi na uchafuzi mwingineo kwenye maji taka na chujuo za udongo.

3. MAUMBILE YAKE MAALUMU YANAYOIFANYA IFAE KWA UKINGAJI WA MAZINGIRA

Kama vile ilivyoelezwa katika SEHEMU YA KWANZA, maumbile kadha ya kipekee ya Vetiver yanaifanya itumike moja kwa moja kwa kutibu maji taka, baadhi ya hayo ya kimofolojia na kimaumbile ni kama yafuatayo:

3.1 Tabia za kimofolojia
- Nyasi Vetiver ina mizizi inayokua haraka na kwa wingi, minene, mirefu inayoweza kufikia meta 3.6 kwenye udongo mzuri kwa muda wa miezi 12.
- Hiyo mizizi yake mirefu inaiwezesha Vetiver kustahimili ukame na pia kupenyeza udongoni ili kufyonza unyevu. Pia huweza kupenya aina ngumu za udongo na hapohapo kutengeza nafasi za maji kuingia ndani.
- Mizizi mingi ya mfumo wa mizizi ya Vetiver huwa myembamba na unene wa wastani wa milimeta 0.5-1.0 (Cheng na wenzake, 2003). Hali hii inafanya kiwango cha utandaaji udongoni kwa ukuaji na uongezekaji wa bakteria na kuvu zinazohitajika sana ili kufyonza uchafuzi uiopo na kuuharibu kama vile kwenye hali ya kunaitrisha.
- Mashina wima na magumu ya Vetiver yanaweza kufikia urefu wa meta tatu (futi 9); ikipandwa karibu karibu hutengeza kizuizi hai kipitishacho maji polepole kinapoyapunguza kasi huku kikichuja udongo laini na vitakataka vinginevyo, hata mawe madogo madogo yaliyosombwa na maji. Picha ya 1.

Picha ya 1: Tabia za kimofolojia za Vetiver.

3.2 Tabia za kimaumbile
- Inastahimili sana udongo wenye kiwango cha juu cha asidi, alkali, magadi na magnesi.
- Inastahimili sana madini kama Al, Mn, na yale mazito kama As, Cd, Cr, Ni, Pb, Hg, Se, na Zn zikiwa

ndani ya maji au udongo (Truong na Baker, 1998)

- Ina uwezo mkubwa wa kufyonza N na P zilizoyeyuka ndani ya maji yaliyochafuliwa. Mchoro wa 1.
- Inastahimili viwango vya juu vya virutubishi vya N na P ndani ya udongo. Mchoro wa 2.
- Inastahimili sana dawa za viuamagugu na viuawadudu.
- Huharibu misombo ya kikaboni inayohusiana na viuamagugu na viuawadudu.
- Huota tena haraka sana baada ya kuathiriwa na ukame, jalidi, moto, umunyu au hali mbaya zinginezo, mara tu hali hizo zikishapunguzwa.

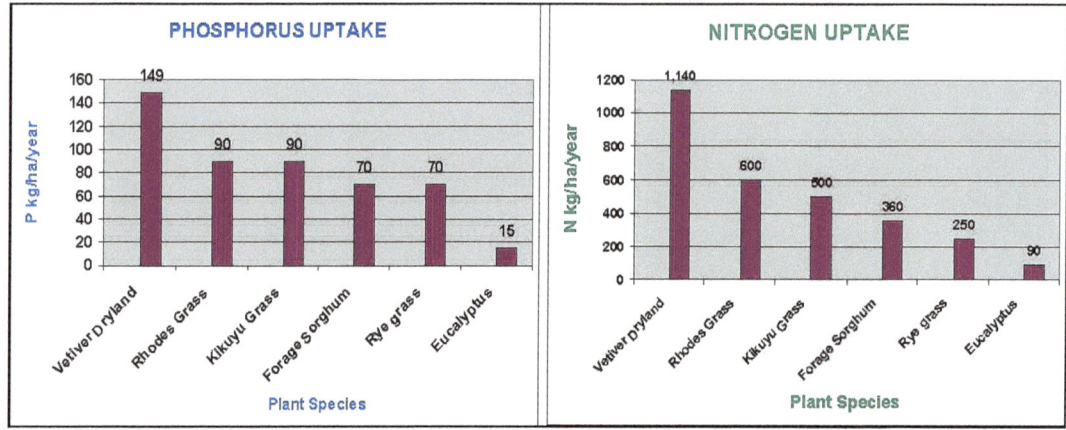

Mchoro wa 1: Uwezo wa hali ya juu zaidi wa kufyonza N na P kuliko mimea mingineyo.

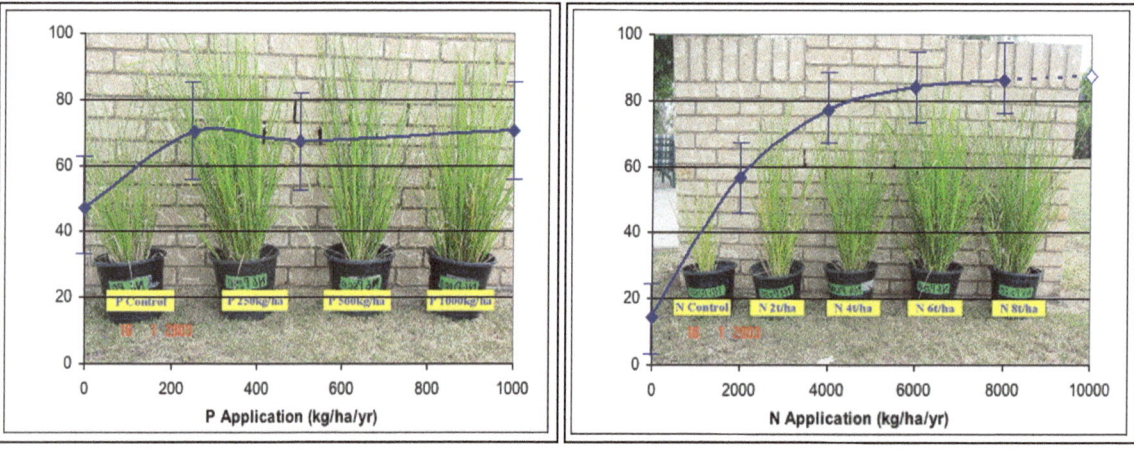

Mchoro wa 2: Uwezo mkubwa wa kustahimili na wa kufyonza P na N.

4. KUZUIA NA KUTIBU UCHAFUZI WA MAJI

Matumizi ya utafiti na maendeleo kwa wingi huko Australia, Uchina, Thailand na nchi zingine yamethibitisha kuwa Vetiver ina matokeo mazuri sana katika kutibu uchafuzi wa maji taka kutoka manyumbani mwa watu na pia viwandani.

4.1 Upunguzaji au uondoaji wa kiasi cha maji taka
Kwa hivi sasa, utumiaji wa mimea ndiyo namna, ya pekee iliyo na uwezekano wa kutumika kuondoa kabisa au kupunguza maji taka kwa viwango vikubwa. Nchini Australia, Vetiver imechukua nafasi kubwa sana ya miti, spishi zingine za nyasi na kuwa ndiyo njia bora zaidi ya kutibu na kuondoa mbali mijazo ya ardhi ya uchuji na

kemikali za uchafuzi kutoka nyumbani mwa watu na viwandani.

Ili kupima kiasi cha maji yanayotumiwa na Vetiver kwa muda fulani, imekadiriwa kwamba kwa kilo moja ya miche mikavu iwapo kwenye hali nzuri ya zile nyumba za glasi, Vetiver itatumia lita 6.86 kwa siku. Kwa vile uzani wa Vetiver ya wiki 12 wakati wa ukuaji wake wa haraka zaidi ni kama 30.7 t/ha, hekta moja ya Vetiver ya ingeweza kutumia 279 KL/ha kwa siku (Truong na Smeal 2003).

4.1.1 Utupaji wa maji taka na uozo kutoka chooni

Mnamo mwaka wa 1996 VS ilitumika kwa mara ya kwanza nchini Australia kwa kutibu maji ya uchafu wa chooni. Baadaye majaribio mengine yalionyesha kuwa, kupanda mimea kama 100 hivi ya Vetiver katika ki-wanja kisichozidi mita 50 mraba kulikausha kabisa maji ya uchafu yaliyokuwa yakitoka kwenye vyoo. Mimea mingine zikiwemo aina tofauti za nyasi na miti inayotokea haraka na mimea mingine, miwa na migomba, hai-kufanikiwa chochote. (Truong na Hart, 2001)

Picha ya 2: Vetiver ilisafisha mwani wa kibulu na kijani kibichi kwa siku nne. (kushoto) maji ya chooni yenye nitrati nyingi (100mg/l) na fosfati (10mg/l). (kulia) maji ya chooni baada ya siku nne.VS ilipanguza kiwango cha N ihadi 6mg /l (94%) na P hadi 1mg/l (90%).

4.1.2 Utupaji wa mchujuo wa mjazo

Utupaji wa mchujuo wa mjazo huwa ni tatizo kubwa hasa katika miji mikubwa kwa sababu kwa kawaida huwa umejaa uchafunzi wa kemikali nzito pamoja na vichafuzi vya kaboni na visivyo vya kaboni .Australia na Uchina zimetatua tatizo hilo kwa kutumia mchujuo uliochukuliwa kutoka sehemu ya chini mirundiko na kuinyunyuzia Vetiver iliyopandwa juu ya mlundo wa mjazo wa arthi na pia kwenye kuta za kuzuia maji. Ma-tokeo yake hadi wa leo yamekuwa ni ya kuridhisha kabisa kabisa. Kwa kweli Vetiver hiyo ilikua upesi sana kiasi kwamba wakati wa ukame mijazo hiyo haikutoa muchujuo wa kutosha wa kunyunyizwa mimea. Upazi wa hekta 3.5 uliharibu kiasi cha ML nne za muchujuo kwa mwezi mmoja majira ya joto na kiasi cha ML mbili kwa mwezi mmoja wakati wa baridi kali (Truong na Percy, 2005).

4.1.3 Utupaji wa majitaka ya viwandani

Katika Queensland, Australia kiasi kikubwa sana cha majitaka ya kutoka kwenye kiwanda cha kutengeneza chakula (lita milioni 1.4 kwa siku) na pia kichinjio cha ng'ombe kilichotoa (lita milioni 1.4 kwa siku) kilion-doshwa na unyunyizaji wa ardhini kwa kutumia Vetiver (Smeal na wenzake 2005).

4.2 Kuboresha majitaka

Uchafuzi wa kuenea mbali ndio tisho kubwa sana kwa mazingira ulimwenguni kote. Ingawa uchafuzi huo umeenea zaidi katika mataifa yaliyoendelea hata pia nchi zinazoendelea ziko katika hali mbaya sana, na mara nyingi nchi hizo hazina uwezo wa kulipunguza tatizo hilo. Matumizi ya mimea ndizo njia zenye uwezekano mwafaka wa kuboresha maji hayo.

4.2.1 Kunasa takataka, udongo laini na kemikali za kilimo katika maeneo ya kilimo

Utafiti uliofanywa Ausrtalia kwenye mashamba ya miwa na pamba unaonyesha kuwa nyua za Vetiver hunasa kabisa virutubishi vya madini ya P na Ca: na pia viuamagugu kama vile diuron, trifluralin, prometryn, na fluometuron, na viuawadudu kama vile α, β na sulfati endosulfan na chlorpyrifos, parathion na Profenotos .Iwapo Vetiver ingepandwa kukatia mifereji ya kuondoa maji virutubishi na kemikali hizo zingeweza kuzuiliwa hapo hapo (Truong na wezake 2000).

Jaribio lililofanyika nchini Thailand kwenye kituo cha Huai Sai Royal Development Study Centre mkoa wa Phetchaburi, ulionyesha kuwa nyua za Vetiver katika kontua iliyopandwa kukatia mteremko zinaunda bwawa hai huku nayo mizizi yake ikifanya kizuizi cha chini ya udongo cha kuzuia ueneaji wa kemikali za kuua wadudu na sumu nyinginezo kuingia ndani ya yale maji yaliyomo chini udongoni. Vichipuzi vinene vilivyoko karibu sana na 'uso' wa udongo pia hukusanya takataka na udongo uliobebwa na maji (Chomchalow, 2006).

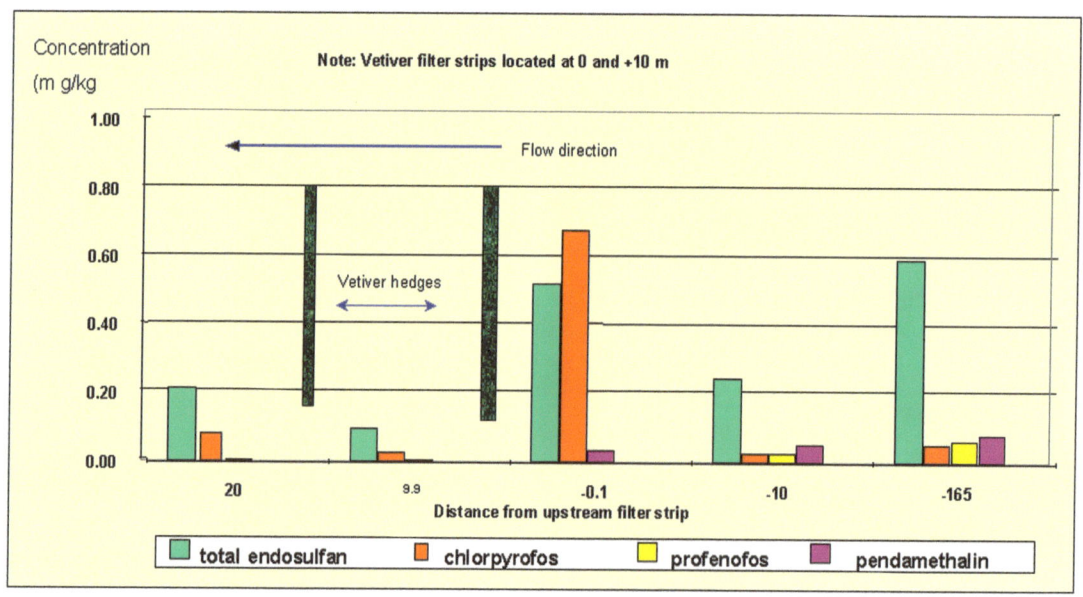

Mchoro wa 3: Kiwango cha ukolezi wa viuamagugu katika udongo ulioangushwa kwenye sehemu za juu na za chini za mistari ya uchujaji ya Vetiver.

4.2.2 Uwezo wa kufyoza na kustahimili vichafuzi na madini mazito

Manufaa ya Vetiver katika kutibu majitaka yanatokana na uwezo wake wa kufyonza virutubishi na madini kwa haraka na ustahimilivu wake wa viwango vya juu vya elementi hizi. Ingawa ukolezi wa elementi hizo katika Vetiver si wa juu kama wa vile vikusanyaji kwa ukubwa, ukuaji wa haraka na utoaji wa nyasi kwa wingi (nyasi kavu zinazotolewa ni hadi 100t/ha kwa mwaka), kiasi hicho kinaiwezesha Vetiver kuondoa kiwango kikubwa zaidi cha virutubishi na madini mazito kutoka kwenye ardhi iliyochafuliwa kuliko aina zingine zote za ukusanyaji kwa wingi.

Katika Vietnam kusini majaribio ya maonyesho yaliwekwa katika kiwanda cha kutengeza samaki wa baharini ili kupima muda ambao sumu zinaweza kubakia katika konde la Vetiver kabla ya nitrati na fosfati iliyokolea ndani yake kupungua hadi viwango vinavyokubalika. Matokea ya majaribio yalionyesha kwamba jumla ya ukolezi wa N kwenye majitaka ulikuwa umepunguka kwa 88% na 91% baada ya kutibiwa kwa masaa 48 na 72 mtawalia, ilihali jumla ya kiwango cha P kilichopunguzwa kilikuwa 80% na 82% baada ya kutibiwa kwa masaa 48 na 72. Jumla ya kiasi cha N na P kilichoondolewa kwenye masaa 48 na 72 hakikuwa tofauti sana. (Luu na wenzake 2006) kufuatia majaribio haya mashamba kadhaa ya kufuga samaki kwenye delta ya mto Mekong yaliuchukua mfumo wa VS kwa uimarishaji wa mahandaki ya vidimbwi vya samaki, kuyasafisha maji ya vidimbwini na kwa kutibu majitaka mengineyo ya shamba. Picha ya 3.

Katika Vietnam kaskazini, majitaka kutoka kwa kiwanda kidogo cha kutengeza karatasi huko Bac Ninh na kiwanda kingine kidogo cha kutengeneza fatalaiza ya nitrojeni huko Bac Giang yamechafua sana kwa virutubishi na kemikali zilizomwangwa kama mjazo ardhi wa mchujuo. Viwanda hivyo humwaga majitaka yao moja kwa moja ndani ya mto mdogo katika Mto Delta. Ilipopandwa katika maeneo yote mawili, Vetiver ilistawi vyema baada ya miezi miwili, hivi sasa tunavyoandika kitabu hiki nyasi iliyopandwa katika kiwanda cha makaratasi huko Bac Ninh iko sawa sawa kwa ujumla isipokuwa kwenye sehemu chache tu zinazopakana na maji yaliyochafuka ambapo inaonyesha ishara za kuathiriwa na sumu. Kwa upande mwingine licha ya hiyo hali upande mbaya sana ya uchafuzi Vetiver inaendelea kustawi vizuri katika eneo la kiwanda cha fatalaiza ya nitrojeni huko Bac Giang. Ukuaji mzuri kabisa umerekodiwa katika pahali hapo kwenye hali ya unyevu wa kadiri, ambapo Vetiver inatarajiwa kupunguza viwango vya uchafuzi kwa kiwango cha kuridhisha. Picha ya 4.

Picha ya 3: Uzuiaji wa mmomonyoko na kutibu majitaka katika shamba la kidimbwi cha kufuga samaki cha maji safi katika Delta ya mto Mekong.

Picha ya 4: Kushoto: Vetiver iliyopandwa huko Bac Ninh. Kulia: Vetiver ikiota huko Bac Gia.

Nchini Australia mistari mitano ya Vetiver ilinyunyiziwa maji chini kwa chini ya udongo kwa maji machafu ya uozo wa chooni. Baada ya miezi 5 jumla ya viwango vya N kwenye maji yaliyochukuliwa katika mistari miwili vilipungua kwa 83% na katika mistari mitano kwa 99%. Vile vile jumla ya viwango vya P vilipungua kwa 82% na 85% mtawalia (Truong na Hart 2001). Mchoro wa 4.

Huko Uchina, virutubishi na madini mazito kutoka kwa mashamba ya ufugaji wa nguruwe ndiyo chanzo cha uchafuzi wa maji.

Maji taka kutoka mashamba ya nguruwe yana viwango vya juu sana vya N na P na pia Cu na Zn, ambavyo huongezewa kwa chakula cha nguruwe ili kuzikuza upesi. Matokeo yanaonyesha kuwa Vetiver ina uwezo mkubwa sana wa kusafisha. Uwiano wake wa kufyonza na kusafisha madini ya Cu na Zn ni >90%; As na N>75%; Pb ni kati ya 30%-71% na P ni kati ya 15-58%. Uwezo wa Vetiver wa kuondoa madini mazito na N na P kutoka mashamba ya nguruwe umeorodheshwa ifuatavyo: Zn>Cu>As>N>Pb>P (Xuhui na wenzake, 2003; Liao na wenzake, 2003).

4.2.3 Ardhi chepechepe

Sehemu za chepechepe ziwe za asili au za kutengenezwa na wanadamu hupunguza sana viwango vya uchafuzi katika maji machafu yatokanayo na kilimo au viwanda. Matumizi ya ardhi chepechepe ili kuondoa vichafuzi yanahitaji matumizi changamani ya njia kadhaa za kibiolojia, pamoja na kemikali kama unasaji, ukapishaji au ushapishaji. Katika ardhi chepechepe huko Australia, Vetiver ilionyesha kutumia maji kwa wingi zaidi, ilipolinganishwa na mimea mingineyo ya ardhi chepechepe kama vile *Iris Pseudocorus*, *Typha spp*, *Schoenoplectus validus*, na *Phragmites australis*. Kwa kiwango cha wastani wa matumizi ya mililita 600 kwa siku /pot /kwa muda wa siku 60, Vetiver itumia kiasi cha maji mara 7.5 zaidi ya mmea Typha (Cull na wenzake 2000). Ardhi chepechepe nyingine ilitengenezwa ili kutibu uchafuzi uliotokana na wenyeji wa mji mdogo wa mashambani. Lengo la mradi huo lilikuwa ni kupunguza au kuondoa kabisa kiasi cha sumu kwenye 500ml za majitaka zilizotoka mjini humo kila siku, kabla ya kuyaelekeza ndani ya mito (picha ya 5). La ajabu ni kwamba upanzi wa Vetiver umefyonza uchafu wote uliotoka mjini humo (Ash na Truong, 2003) jedwali la1.

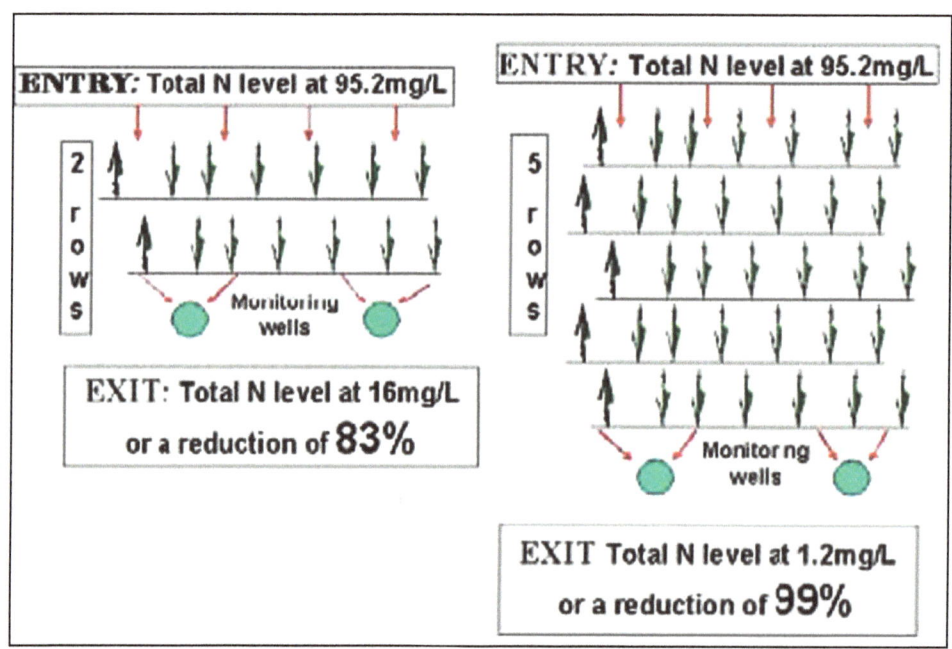

Mchoro wa 4: uwezo wa Vetiver wa kupunguza N katika uchafu wa vyoo vya nyumbani.

Jedwali la 1: viwango vya uchafuzi katika majitaka kabla na baada ya kutibiwa kwa kutumia Vetiver.

Majaribio	Maji taka kabla (mg/1)	Matokeo 2002/03 (mg/1)	Matokeo 2004 (mg/1)
PH (6.5-8.5)*	pH 7.3-8.0	pH 9.0-10.0	pH 7.6-9.2
Oksijeni iliyoyeyuka (2.0mn)*	0-2	12.5-20	8.1-9.2
Siku tano za BOD (20-40mg/lmax)*	130-300	29-70	1-7
Mango elezi (30-60mg/l max)*	200-500	45-140	11-16
Jumla ya nitrojeni (6.0mg/l max)*	30-80	13-20	4.1-5.7

*Masharti ya kibali

Picha ya 5: Kushoto: Vetiver katika ardhi chepechepe. Kulia: mchujuo uliotupwa nchini Australia.

Nchi ya Uchina ndiyo hufuga nguruwe wengi zaidi duniani. Mnamo 1998, mkoa wa Guangdong pekee ulikuwa na mashamba ya nguruwe zaidi ya 1600; zaidi ya mashamba 130 yalizalisha zaidi ya nguruwe 10,000 wa Biashara kwa mwaka.

Vituo vikubwa vikubwa vya nguruwe hutoa tani 100-150 za majitaka kila siku, pamoja na samadi ya nguruwe inayozolewa walikofugwa, vitu hivyo vina virutubishi vingi mno. Kwa hiyo uondoaji wa majitaka kutoka kwenye mashamba ya nguruwe una changamoto kubwa sana. Ardhi chepechepe ndizo zinazofikiriwa kuwa njia bora zaidi ya kupunguza kiasi cha majitaka ya nguruwe na pia viwango vya virutubishi ndani yake.Ili kujua mimea inayofaa zaidi kwa ardhi chepechepe, Vetiver ilijumuishwa kwenye majaribio yaliyohusisha spishi zingine kumi na mbili, matokeo ya kwanza yalionyesha kuwa mimea mitatu bora ilikuwa ni Vetiver, Cyperus alternifolius na *Cyperus exaltatus*. Hata hivyo baada ya majaribio ya ziada, *Cyperus exaltatus* ilinyauka na kutoendelea kabisa majira ya kupukutika kwa majani kisha ikaanza tena kustawi majira yaliyofuatia ya kuchipua. Kwa vile matibabu mwafaka ya majitaka yanahitaji ukuaji wa majira yote ya mwaka, ni Vetiver tu na *Cyperus alternifolius* zilizoonekana kuwa zinafaa kwa kutibu maji ya uchafu ya vituo vya nguruwe (Liao,2006) picha ya 6.

Nchini Thailand utafiti wa dhati umefanywa kwenye miaka michache iliyopita juu ya matumizi ya VS katika majitaka kwenye ardhi chepechepe za kutengenezwa.

Picha ya 6: Kushoto: Pantoni ya Vetiver kwenye vidimbwi vya shamba la nguruwe huko Bien Hoa; Kulia: katika Uchina.

Utafiti wa aina moja ulitumia aina tatu za Vetiver (kulingana na utafiti wa kimazingira) yaani Monto, Surat Thani na Songkhla 3) kwa kutibu majitaka yaliyotoka kwenye mtambo wa kusaga makopa ya mhogo, kwa kutumia njia mbili za kutibu: (a) kuyazuilia majitaka katika ardhi chepechepe ya Vetiver kwa juma moja kisha kuyaondoa, na (b) kuyazuilia majitaka kwa juma moja halafu kuyaondoa mfululizo kwa muda wa majuma matatu. Kwenye aina zote mbili Monto iliyonyesha ukuaji wa haraka zaidi wa vichipuzi, mizizi na ongezeko la ujumla kwa mmea wote, na ndiyo iliyofyonza viwango vya juu zaidi vya P, K, Mn na Cu katika vichipuzi na mizizi (Mg, Ca na Fe mizizini na Zn na N vichipuzini). Surat Thani ilifyonza viwango vya juu zaidi vya Mg vichipuzini na Zn mizizini na Songkhla 3 ilifyonza vipimo vikubwa zaidi vya Ca, Fe vichipuzini na N mizizini (Chomchalow, 2006, cit. Techapinyawat 2005).

4.2.4 Uundaji wa kompyuta kwa kutibu maji taka ya viwandani

Umuhimu wa kompyuta umeendelea kuongezeka kama chombo cha kimsingi kwa kuendesha mifumo ya kimazingira, pamoja na mipangilio changamani ya uondoaji wa majitaka kutoka viwandani. Nchini Australia sehemu ya Queensland, Halmashauri ya Ulinzi wa Mazingira imechukua kielelezo cha uondoaji wa maji machafu kwa kuyanyunyiza ardhini (MEDLI - model for Effluent Disposal Using Land Irrigation) kama kielelezo msingi kwa kuendesha shughuli za uondoaji majitaka. Matumizi muhimu ya hivi karibuni ya VS katika kuondoa majitaka ni vipimo vya MEDLI kwa Vetiver kulingana ufyonzi wake wa virutubishi na unyunyizaji wa maji machafu (Vieritz, na wenzake, 2003), (Truong, na wenzake 2003a), (Wagner, na wenzake, 2003), (Smeal, na wenzake, 2003).

4.2.5 Uundaji wa komputya kwa kutibu majitaka ya nyumbani

Kielelezo cha komputya kiliundwa hivi karibuni katika eneojirani na tropiki nchini Australia ili kukadiria ukubwa wa sehemu ya kupandwa Vetiver ili kuondolea maji-taka ya aina zote yatokayo katika nyumba zote. Kwa mfano, eneo la meta 77 mraba lenye msongamano wa mimea 5/m linahitajika kwa nyumba moja mnamoishi watu 6 ikiwa kila mmoja wao anatumia lita 120 kwa siku.

4.2.6 Mielekeo ya siku zijazo

Kwa vile upungufu wa maji unaendelea kuukumba ulimwengu mzima, majitaka yanapaswa kufikiriwa kama rasilmali ya kutumika tena badala ya kuonekana kama tatizo linalohitaji kuondolewa. Mtindo wa kisikuhizi ni wa kuyasafisha majitaka na kuyatumia tena viwandani na nyumbani badala ya kuyaondolea mbali. Kwa hivyo kuna uwezekano mkubwa wa matumizi ya VS kama njia rahisi, safi na isiyogharimu ili kutibu na kuyatumia tena majitaka yatokanayo na shughuli za binadamu. Mchoro wa 5.

Maendeleo ya kusisimua sana katika kutibu majitaka ni matumizi ya Vetiver kwenye udongo unaoota matete. Katika matumizi haya mapya, maji yanayotoka yanaweza kurekebishwa ili kiasi chake na kiwango chake cha ubora kitosheleze mahitaji yaliyolengwa. GELITA, APA, Australia inaendeleza na kufanya majaribio ya mfumo huo. Maelezo kamili ya mfumo huo yanapatikana katika (Smeal na wenzake, 2006) mchoro wa 6.

Diagrammatic layout of a domestic disposal system

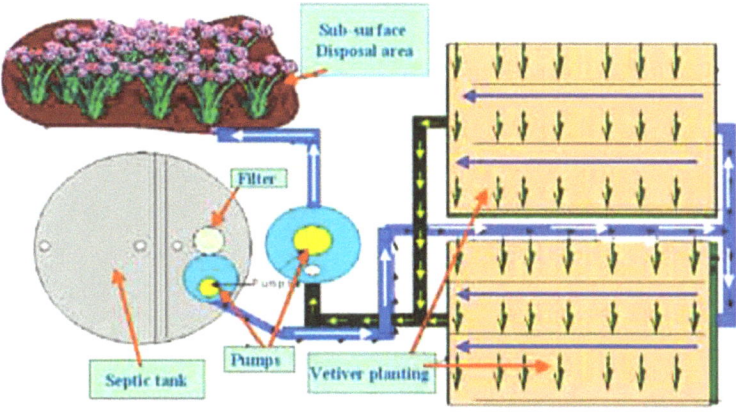

Mchoro wa 5: Mkao wa mfumo wa kuondoa maji taka nyumbani.

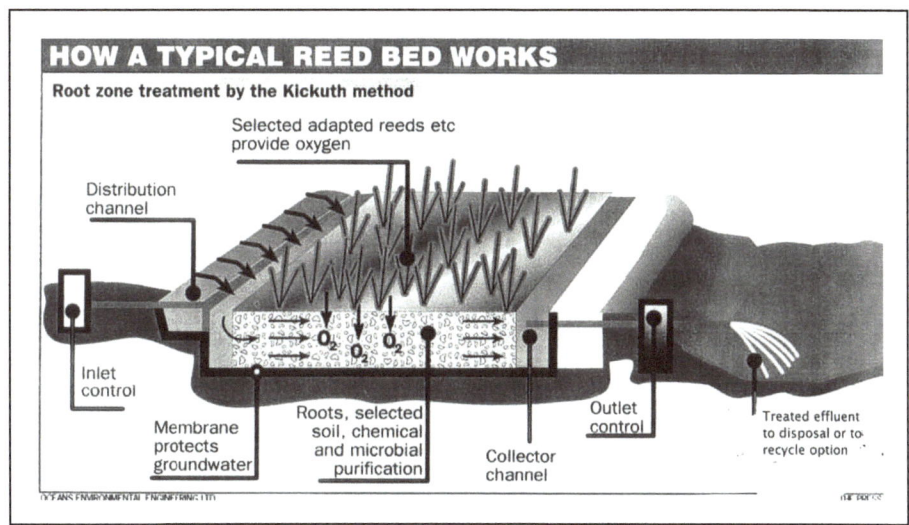

Mchoro wa 6: Bonde la matete la kawaida lifanyavyo kazi.

5. KUTIBU MAENEO YA ARDHI YALIYOCHAFUKA

Kati ya maendeleo muhimu katika kuyalinda mazingira yaliyofanyika kwenye miaka 15 iliyopita ni uainishaji rasmi wa ustahimilivu wa Vetiver kwenye udongo wa hali mbaya na kwa sumu za madini mazito. Hizi ishara zake maalumu zimefungua uwanda mpya wa matumizi zaidi ya VS; marekebisho ya ardhi zilizochafuliwa na zenye sumu.

5.1 Kustahimili hali ngumu

5.1.1 Kustahimili viwango vya juu vya asidi na sumu za alumini na manganisi

Utafiti umeonyesha kuwa fataliiza za N na P haziathiri kukua kwa Vetiver, hata viwango vya asidi vikiwa vya juu kupindukia (pH=3.8) na kiwango cha alumini udongoni kikiwa (68%). Majaribio ya nyanjani yanathibitisha kuwa Vetiver hukua vya kuridhisha katika udongo wenye hali ya pH=3.0 na kiwango cha alumini cha asili.

pH	2.0	2.2	3.8	4.4	4.8	5.5	7.3	7.6
Al%	90	90	68	36	11	2	trace	trace

Picha ya 7: katika hali za nyanjani, Vetiver inastawi katika udongo wa pH=3.8 na ukolezi wa Al wa 68% na 87%.

mia kati ya 83-87%. Hata hivyo, kwa vile Vetiver haiwezi kudumu kwenye ukolezi wa alumini wa 90% na udongo wa pH=2.0, mwisho wake ni kati ya 68% na 90%. Ustahimilivu huu ni wa kipekee kabisa, kwa sababu mimea mingi huathirika vibaya sana kwenye viwango vya chini ya 30%. Kuongezea, ukuaji wa Vetiver haukuathiriwa wakati manganisi ya kuchopolewa udongoni ilipofikia viwango vya 578 mg/kg huku hali ya

pH	5.8	3.3	4.6	4.2	6.2
Mn ppm	43	578	483	169	42

Picha ya 8: ukuaji wa Vetiver haukuathiriwa na pH=3.3.na kiwango cha juu sanasana Mn cha 578 mg/kg.

Picha ya 8: ukuaji wa Vetiver haukuathiriwa na pH=3.3.na kiwango cha juu sanasana Mn cha 578 mg/kg. pH udongoni ikiwa ya chini kiasi cha 3.3, na manganisi ndani ya mmea ikapanda hadi 890mg/kg. Kwa ajili ya ustahimilivu wake dhidi ya sumu za Al na Mn, Vetiver imetumiwa kwa ufanisi kuzuia mmomonyoko katika udongo wa asidi Sulfati zenye pH ya 3.5 na pH iliyooksidishwan ikiwa chini sana kiwango cha 2.8 (Troung na Baker 1998). Picha ya 7 na 8.

Picha ya 9: Vetiver inastahimili umunyu mwingi udongoni. Taz chungu cha 4 kutoka kushoto kinawakilisha kiwango cha nusu ya umunyu wa maji ya bahari.

5.1.2 Ustahimilivu kwa umunyu na umagadi mwingi udongoni

Kwa vile mwisho wa uvumilivu wake kwa umunyu ni kiwango cha ECse= 8dS/m, Vetiver inalingana vizuri sana na mimea mingine inayokuzwa kwa kulisha mifugo ambayo hustahimili zaidi umunyu nchini Australia, ikiwemo Nyasi Bermuda (*Cynodon dactylon*) ambayo inastahimili viwango vya umunyu vya 6.9dS/m, nyasi Rhodes (*Chloris gayana*) 7.0dS/m, nyasi ngano (*Thynopyron elongatum*) 7.5dS/m na shayiri (*Hordeum vulgare*) 7.7dS/m. ikiwa na virutubisho vya N na P vya kutosha, Vetiver ilikua vizuri kwenye vipandio vya Na Bentonite pamoja Sodium badilifu ya 48% na malimbikizi ya masazo ya mgodi wa makaa mawe wenye Sodium badilifu ya kiwango cha 33%. Umagadi wa malimbikizi ulizidishwa na kiwango cha juu sana cha magnesi (2400mg/kg kikilinganishwa na kalisi (1200mg/kg) (Troung, 2004).

5.1.3 Ueneaji wa madini mazito ndani ya mmea wa Vetiver
Jedwali la 2: Viwango vya mwisho vya ustahimilivu kwa madini mazito kati ya: Vetiver na mimea min-gine

Madini mazito	Viwango vya mwisho udongoni. (mg/kg) (iliyopatikana)		Viwango vya mwisho katika mmea (mg/kg)	
	Vetiver	**Mimea mingine**	**Vetiver**	**Mimea mingine**
Arsenic	100-250	2	21-72	1-10
Cadmium	20-60	1.5	45-48	5-20
Shaba	50-100	Haikupatikana	13-15	15
Kromiamu	200-600	Haikupatikana	18-mei	0.02-0.20
Risasi	>1500	Haikupatikana	>78	Haikupatikana
Zebaki	>6	Haikupatikana	>0.12	Haikupatikana
Nikeli	100	10-Jul	347	10-30
Saliniamu	>74	14-Feb	>11	Haikupatikana
Zinki	>750	Haikupatikana	880	Haikupatikana

Ueneaji wa madini mazito katika Vetiver unaweza kugawanywa kwa mafungu matatu:

- Madini ya Zn ilienea kwa kiasi karibu sawasawa kati ya shina na mzizi (40%).
- Viwango vidogo vya madini ya As, Cd, Cr na Hg yaliyofyonzwa yalihamishwa hadi kwenye mashina (1%-5%).
- Viwango wastani vya Cu, Pb, Ni na Se vilihamishwa hadi vileleni mwa mmea (16%-33%) (Truong 2004).

5.1.4 Ustahimilivu kwa madini mazito

Vetiver hustahimili sana madini yafuatayo: As, Cd, Cr, Cu, Hg, Ni, Pb, Se, Na, Zn.

5.2 Urekebishaji wa migodi na kurejesha umeaji wa mimea

Kutokana na upekee wa tabia za kimaumbile na kimofolojia Vetiver imetumiwa na kufanikiwa kurekebisha takamawe za migodi na pia kurejesha umeaji kandokando ya migodi kama ifuatavyo: Nchini Australia; makaa mawe, dhahabu, betonite na boksiti; Chile: Shaba; Uchina: risasi, zinki, na boksiti (Wensheng Shu, 2003); Afrika kusini: dhahabu, almasi na platinamu; Thailand: risasi; Venezuela: boksiti.

Picha ya 10: mgodi wa boksiti huko Los Pijiguaos, nchini venezuela umelindwa kwa kupandwa nyasi ya Vetiver. (upanzi kwenye mteremko unaendelea wakitumia kamba).

Picha ya 11: mgodi wa Nikeli huku kusini mwa nchi ya Ufilipino umelindwa kwa kupandwa nyasi ya Vetiver (Biosolusions Inc).

6. MAREJELEO

Ash R.and Truong, P. (2003). The use of Vetiver grass wetland for sewerage treatment in Australia. Proc. Thrid International Vetiver Conf. China, October 2003.

Chomchalow, N, (2006). Review and Update of the System R&D in Thailand. Proc. Regional Vetiver Conference, Cantho, Vietnam.

Cull, R.H, Hunter, H, Hunter, M and Troung, P.N. (2002). Application of Vetiver Grass Technology in off-site pollution control. 11. Tolerance of Vetiver grass towards high levels of herbicides under wetland conditions. Proc. Second International Vetiver Conf. Thailand, January 2000.

Hart, B, Cody, R and Truong,P.(2003). Efficacy of Vetiver grass in the hydroponic treatment of post septic tank effluent. Proc. Third International Vetiver Conf. China, October 2003.

Liao Xindi, Shiming Luo, Yinbao Wu and Zhisan Wang (2003). Studies on the Abilities of *Vetiveria zizanioides* and Cyperus alternifolius for Pig Farm Wastewater Treatment. Proc. Third International Vetiver Conf. China, October 2003.

Lisena, M., Tovar, C. and Ruiz, L. (2006) "Estudio Exploratorio de la Siembra del Vetiver en un Area Degradada por el Lodo Rojo". Proc. Fourth International Vetiver Conf. Venezuela, October 2006.

Luque, R, Lisena, M and Luque, O. (2006). Vetiver System for environment protection of open cut bauxite mine at Los Pijiguaos-Venezuella. Proc. Fourth International Vetiver Conf. Venezuela, October 2006.

Luu Thai Danh, Le Van Phong. Le Viet Dung and TroungTruong, P.(2006). Wastewater treatment at a seafood processing factory in the Mekong delta, Vietnam. Proc. Fourth International Vetiver Conf. Venezuela, October 2006.

Percy, I. and Truong, P. (2005). Landfill Leachate Disposal with Irrigated Vetiver Grass. Proc, Landfill 2005. National Conf on Landfill, Brisbane, Australia, September 2005.

Smeal, C., Hackett, M. and Troung, P. (2003). Vetiver System for Industrial Wastewater Treatment in Queensland, Australia; Proc. Third International Vetiver Conf. China, October 2003.

Troung, P.N.V. (2004). Vetiver Grass Technology for mine tailings rehabilitation. Ground and Water Bioengineering for Erosion Control and Slope Stablization. Editors: D. Barker, A. Watson, S. Sompatpanit, B. Northcut and A. Maglinao. Science Publishers Inc. Nh, USA.

Troung, P.N. and Baker, D. (1998). Vetiver grass system for environmental protection. Technical Bulletin NO. 1998/1. Pacific Rim Vetiver Network. Royal Development Projects Board, Bangkok, Thailand.

Troung, P.N. and Hart, B. (2001). Vetiver System for wastewater treatment. Technical Bulletin No. 2001/2. Pacific Rim Vetiver Network. Royal Development Projects Board, Bangkok, Thailand.

Troung, P.N., Mason, F., Waters, D. and Moody, P. (2000). Application of Vetiver Grass Technology in off-site pollution control. I. Trapping agrochemicals and nutrients in agricultural lands. Proc. Second International Vetiver Conf. Thailand, January 2000.

Troung, P. and Smeal (2003). Research, Development and Implementation of Vetiver System for Wastewater Treatment: GELITA Australia. Technical Bulletin No. 2003/3. Pacific Rim Vetiver Network. Royal Development Projects Board, Bangkok, Thailand.

Troung, P. Troung, S. and Smeal, C. (2003a). Application of the Vetiver System in the computer modeling for industrial wastewater disposal. Proc. Third International Vetiver Conf. China, October 2003.

Vieritz, A., Truong, P., Gardner, T. and Smeal, C. (2003). Modelling Monto Vetiver growth and nutrient uptake for effluent irrigation schemes. Proc. Third International Vetiver Conf. China, October 2003.

Wagner, S., Troung, P, Vieritz, A. and Smeal, C.(2003). Respose of Vetiver grass to extreme nitrogen and phosphorus supply. Proc .Third International Vetiver Conf. China, October 2003.

Wensheng Shu (2003) Exploring the potential Utilization of Vetiver in treating Acid Mine Drainage (AMD). Proc. Third Inetrnational Vetiver Conf. China, October 2003.

SEHEMU YA 5 - VETIVER KWA UZUIAJI WA MMOMONYOKO SHAMBA-NI NA MATUMIZI MENGINE

YALIYOMO

1. UTANGULIZI

Tajiriba ya miaka mingi katika nchi nyingi imethibitisha kwamba ingawa wakulima wametumia Vetiver kuhifadhi udongo, matumizi hayo hayakuwa lengo lao la awali la kufanya hivyo. Kwa mfano, nchini Venezuela, madhumuni ya kuanza kukuza Vetiver yalikuwa ni kwa ajili ya kupata rasilimali ya kazi za mikono. Baada ya watumizi wa majani ya Vetiver kuyafurahia kwa ajili ya uzuri na urahisi wake katika ususi, ilikuwa rahisi kuitumia kwa uhifadhi wa udongo. Nchini Cameroon nyua za Vetiver zilitumika kwa mara ya kwanza kama vizuizi vya nyoka kuingilia watu nyumbani, na kwingineko zilitumiwa mipakani (mipaka ya miti ilizusha ubishi). Pahali pengine Vetiver ilitumika kwanza kama kizuizi cha wadudu waharibifu kwenye naharagwe yaliyohifadhiwa, na kuzuia dudumizi katika mahindi (Afrika kusini) sehemu hii ya kitabu inaelezea matumizi kadhaa ya Vetiver yanayozingatiwa zaidi na wakulima.

2. UHIFADHI WA UDONGO NA MAJI ILI KUENDELEZA UZALISHAJI WA MAZAO

2.1 Kanuni za kuhifadhi udongo na maji

Madhumuni hasa ya desturi za uhifadhi wa udongo ni kuzuia mmomonyoko unaosababishwa na maji na upepo. Kuhusu mmomonyoko uletwao na maji, kwanza chembechembe za udongo zinang'olewa na kuondolewa na wingi au kasi mwelekeo kubwa ya maji yanayopita juu ya ardhi. Mmomonyoko wa upepo hutokea wakati upepo unapovuma kwa nguvu na kuwa na kasi mwelekeo ya hali ya juu, kwenye ardhi tupu isiyo na chochote juu yake.

Kwa hiyo, shahaba maalumu za uzuiaji wa mmomonyoko uletwao na maji ni kuukinga udongo wa juu kutoondolewa na mpigo wa matone ya mvua inaponyesha, kupunguza kiasi cha maji ya mvua yanayopita juu juu kwa kutumia mimea kuufunika udongo, na pia izuie au ipunguze kasi mwelekeo ya maji yanayotiririka. Kwa mpangilio wake kontua huyakinga na kuyaelekeza maji yanayoshuka kutokezea pahali salama zaidi au kwenye mto au mifereji ya kuondolea maji. Nazo kinga za mimea kama vile nyua za Vetiver zikipandwa mkato wa mteremko au juu ya mistari ya mwinamo wa mteremko, na hasa zikiwa nyua nene, hufanya kinga ya kichungichembamba kinachopitisha maji pole pole huku kikiyasambaza na kuyapunguza kasimwelekeo, yanaposhuka taratibu kupitia nyuani. Kwa vile kiwango cha mmomonyoko wa maji au upepo hulingana na mtiririko na kasi mwelekeo (yaani kasi ya maji yanaposhuka au nguvu za upepo unaopiga) kanuni muhimu ya uhifadhi wa udongo ni kupunguza kasi na nguvu za maji na upepo. Zikipandwa sawasawa inavyopasa nyua za Vetiver huzuia barabara si maji si upepo kusababisha mmomonyoko.

Lengo la utaratibu wa uhifadhi wa maji ni kuongeza upenyezi wa maji kwennye udongo. Lengo hili linaweza kufikiwa kwa urahisi zaidi kupitia matumizi ya mimea, hasa kwa nyua. Zinapozuia maji kwa unene wake huyapatia udongo muda zaidi wa kuyafyoza ndani yake zinapoendelea pia kunasa udongo laini na vielezi vilivyobebwa na maji.

2.2 Tabia za Vetiver zinayoifanya ifae kwa uhifadhi

Zifuatazo ndizo tabia za kipekee za Vetiver ambazo ni muhimu sana kwa uhifadhi wa udongo na maji:

- Mfumo wa mizizi yake mingi, minene, mirefu, inayopenya, yenye unyuzi na inayoushindilia udongo.
- Mashina magumu yakaayo wimawima, yanayounda nyua nene ambazo hupunguza kabisa mtiririko wa maji na hivyo kuupunguza uwezo wake wa kumomonyoa.
- Ustahimilivu wake kwa hali ngumu tofauti tofauti za udongo kama vile mazingira ya ukosefu wa rutuba, ukali wa asidi sulfati, alkali, umunyu na umagadi.
- Uwezo wake wa kustahimili kufunikizwa na maji kwa vipindi virefu.
- Kuchukuana vyema na hali nyingi tofauti tofauti za hali hewa, inaweza kukua kwenye baridi kali juu milimani huko Kaskazini, pia kwenye sehemu za hali hewa kame sana, katika chungu za mchanga za pwani maeneo ya Kati.
- Hujiongeza kwa 'kujizaa' kwa urahisi kiwichemimea.
- Ni tasa: hutoa maua lakini haifanyi mbegu. Kwa vile Vetiver (*C. zizanioides*) haina mashina mengine ya chini kwa chini ya udongo, au zaidi ya juu yake, hubakia vile vile ilivyopandwa kwa hiyo haigeuki kuwa magugu. Ni tofauti na C. nemoralis ambayo asili yake ni Vietnam na hutoa mbegu zinazoota. *C. zizanioides* ni tasa na mizizi yake ni mingi na minene. Sehemu ya 1 ya mwongozo huu ihaelezea kwa undani kabisa tofauti za spishi hizi mbili.
- Mfumo wa mizizi ikaayo wima yenye mizizi michache sana ya upande upande. Faida ya hili ni kuwa

Vetiver ikipandwa pamoja na mimea mingine ya mazao, mizizi yake haitashindana nayo kwa maji na virutubisho.

Maadamu sehemu ya 1 inaelezea kindani tabia na maumbile ya Vetiver, sehemu hii inaeleza tu juu ya umuhimu wa tabia mbili za kwanza kwa wakulima: mfumo wa mizizi yake unaoshindilia udongo ndi ! na uwezo wake wa kuunda nyua nene zinazoziba vilivyo. Mfumo wa mizizi yenye nguvu haulingani na mmea wowote ule unaotumiwa kwa kuzuia mmomonyoko mashambani. Kwenye nchi tambarare na katika mabonde ya makorongo ambapo kasimwelekeo ya maji ya mafuriko huwa ya juu sana, mizizi ya Vetiver minene na ya kina kirefu huishikilia mimea ising'olewe. Nyasi hii inaweza kustahimili mkumbo wa mkondo mkubwa sana wa maji.

Picha ya 1: mikondo ya maji mengi katika mfereji huu nchini Australia uliyalaza manyasi ya asili na kuuacha ua wa Vetiver ukiwa imara; mashina yake magumu yalipunguza nguvu za kasi mwelekeo wa maji na pia uwezo wake wa kumomonyoa.

Pamoja na kupunguza mmomonyoko wa juu ya udongo wa mteremkoni mizizi ya nguvu ya Vetiver vile vle huchangia uiamarishaji wa mteremko. Kama vile ilivyoelezwa katika sehemu ya 1, mizizi mirefu ya unyuzi hupunguza tisho la maporomoko. Mashina magumu ya Vetiver huunda ua mzito ambao hupunguza kabisa kasimwelekeo ya maji yanayoshuka na kuyafanya maji hayo yapate nafasi ya kuingia zaidi udongoni, na kule inakowezekana, maji ya ziada yakachepuliwa. Hii ndiyo kaida ya kutiriririka kwa kuchujwa kama nama ya kuzuia mmomonyoko mashambani katika nyanda za mafuriko na kwenye miteremko mikali sehemu kunakonyesha mvua nyingi.

2.3 Mifumo ya kontua ikilinganishwa na mifumo ya Vetiver ya kutiriririka kwa kuchujwa

Uchunguzi uliofanywa kwa niaba ya Banki ya Dunia ulilinganisha ubora na uwezekano wa mifumo ya namna tofauti tofauti za kuhifadhi maji na udongo. Uligundua kuwa, mitindo ya hatua za kujenga ni sharti iwe na miundo na mipangilio inayolingana na eneo la shughuli kwa kuzingatia kwa undani vipimo na mahitaji yote ya kiinjinia. Zaidi ya hayo, mifumo yote ya ujenzi huhitaji matengenezo ya muda baada ya muda. Kuna ushahidi unaoonyesha kwamba vizuizi vya kujengwa hupunguza upoteaji wa udongo walakini havipunguzi sana kiasi cha maji yanayopita na kupotea. Kwingineko vizuizi hivi huathiri vibaya unyevu wa udongoni (Grimshaw 1988). Kwa upande mwingine mimea inapopandwa kwa mkato wa mteremko au kontua, mifumo hiyo ya uhifadhi hufanya kinga inayopunguza kasi za mtiririko wa maji na hushikilia vielezi kwa wingi. Kwa sababu vizuizi hivi huchuja maji tu na mara nyingi haviyachepui, maji hupitia polepole kwenye ua na kufika chini ya mteremko kwa utaratibu bila kusababisha mmomonyoko wowote na kuzuia maji kujikusaya popote. Huu ndio mfumo wa kupitia kwa kuchujwa (Greenfield 1989) wenye tofauti kubwa sana na mfumo wa kontua ambapo maji ya kuteremka hujikusanya matutani na mara moja kuchepuliwa kutoka mashambani ili kuzuia mmomonyoko. Kwa sababu maji yote yanayopita hukusanywa na kuongezwa miferejini pale ndipo panapotokea mmomonyoko kwa wingi zaidi katika ardhi ya kilimo, sanasana miteremkoni, maji hayo hupotea milele. Ule mfumo wa uchujaji kwa upande wake huyahifadhi maji, ukakinga udongo usipotelee miferejini. Mchoro wa 1.

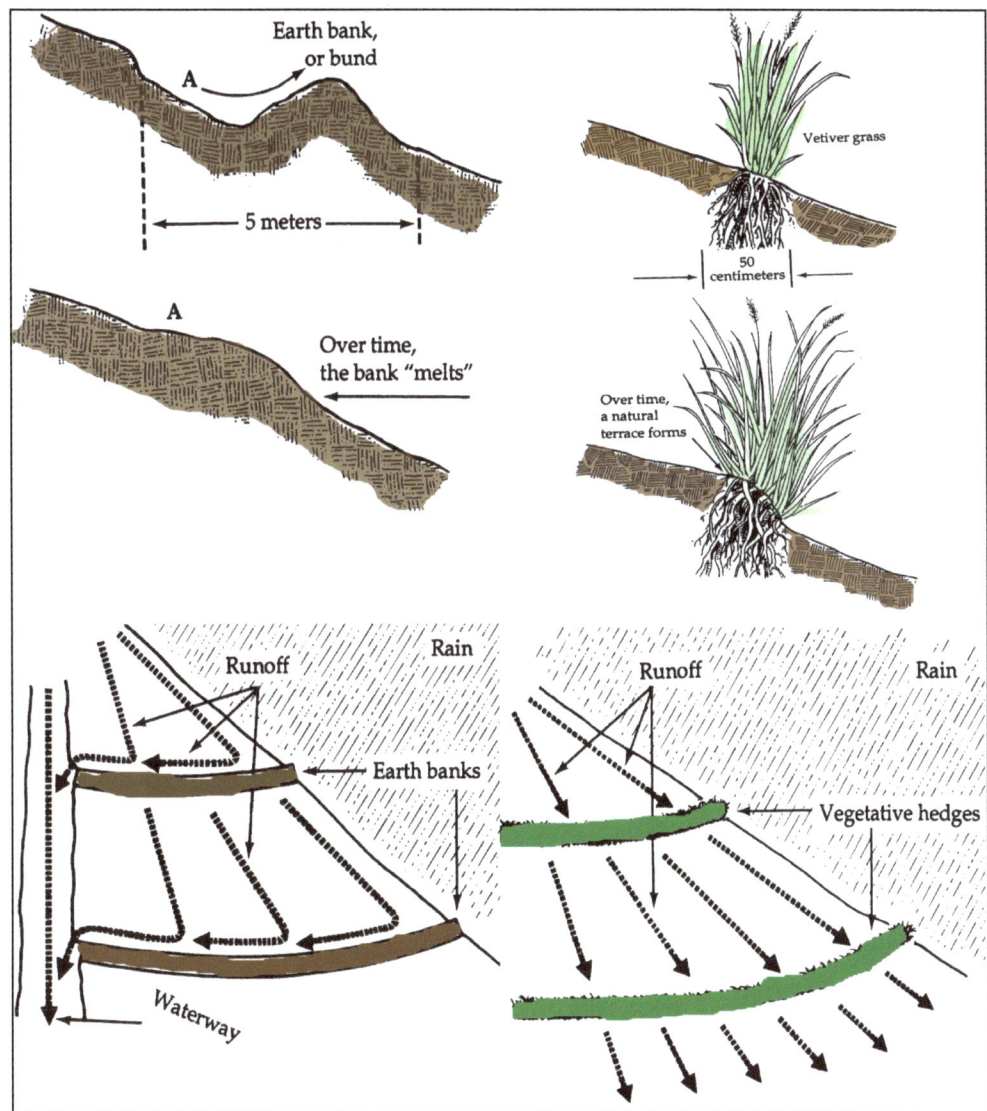

Mchoro wa 1: Juu kushoto: ukingo wa kontua chini. Kushoto: jinsi kingo zinazovyochepua maji; Juu kulia: nyua za Vetiver huunda kingo au matuta baada ya muda. Kulia chini: nyua za Vetiver zikipunguza kasi ya maji yanayoshuka na kuongeza upenyaji wa maji ardhini maji yanapobakia udongoni kwa muda mrefu kabla hayajachujwa na kupita pole pole (Greenfield 1989).

Uhifadhi huu wa maji ni muhimu sana katika maeneo ya mvua kidogo kama vile nyanda za juu za kati na pwani ya Vietnam. Inafaa sana zile spishi za kutumiwa kama vizuizi kwa mmomonyoko na unasaji wa vielezi, ziwe na tabia zifuatazo (Smith na Srivastava 1989):

- Uwezo wa kukua na kuunada au unaotoshana kwa mashina magumu na yaliyo wima ili uweze kabisa kustahimili mkumbo na msukumo wa maji mengi ya mvua yanayoshuka na iwe na mizizi mingi, mirefu inayoshikilia udongo ndindindi na kuzuia mmomonyoko karibu na kizuizi.
- Uwezo wa kustahimili shinikizo la unyevu na virutubishi na kukua tena haraka baada ya mvua kunyesha.
- Kutokugeuka na kuwa magugu yashindaniayo unyevu, virutubishi na mwangaza huku yakiwa makao

ya wadudu au wanyama waharibifu na viini vya magonjwa kwa mazao yaliyomo shambani. Kuwe na maendeleo mwafaka ya mazao.

- Spishi ziwe zinahitaji nafasi nyembamba tu na bado ni imara kabisa.
- Ziweze kutoa vifaa vingine zaidi vya manufaa kwa wakulima.

Vetiver ina tabia hizo zote. Kwa upekee wake inastawi pahali kame na pia pa unyevu mwingi, hukua hata kwenye udongo wa hali mbaya kabisa na hali hewa badilifu (Grimshaw 1988).

2.4 Matumizi katika nyanda za mafuriko

VS ni kifaa muhimu cha kuzuia mmomonyoko katika nyanda tambarare zote za mafuriko za mito mikubwa mikubwa ya Vietnam. Matumizi yake si kwenye Delta ya Red River pekee huko kaskazini au Delta ya Mekong pekee huko kusini. Matumizi yake ni muhimu sana katika mkoa wa kati na wa pwani, ambapo mafuriko ya ghafla hutokea mara kwa mara na kusababisha uharibifu mkubwa, mfano mzuri wa uwanda tambarare wa mto Lam mkoani Nghe An. Nyua za Vetiver zinapopandwa katika nyanda tambarare zina manufaa kama:

- Hupunguza kasimwelekeo ya mtiririko onaoweza kung'oa mimea, na pia hupunguza uwezo wa kumomonyoa.
- Hunasa udongo wenye rutuba wa alluvia na kuendeleza uwepo wa rutuba katika sehemu hiyo.
- Huongeza upenyezi wa maji ndani ya udongo kwa manufaa ya maeneo ya mvua kidogo, mathalan mkoa wa Ninh Thuan.

Upanzi mimea wa mistari hutumia mfumo wa "kupita kwa kuchujwa "unaolingana na huo wa nyua za Vetiver, walakini hauzuii mimea kushindiliwa kwa vile haipunguzi kiwango cha kasimwelekeo. Kinyume na nyua za Vetiver, upanzi huu unahitaji ubadilishaji wa mimea msimu kwa msimu kwa uzingativu kamili, kwa hiyo hauwezi kutumika wakati wa ukame kwa kuwa haiwezekani kupanda chochote wakati huo. Mfumo huo umetumika na kuwa na matokeo mema kwenye nyanda tambarare za eneo la Darling Downs nchini Australia ili kupunguza makali ya uharibifu wa maji ya mafuriko kwa mimea ya mazao na kuzuia mmomonyoko wa udongo kwenye sehemu za mwinamo butu ambazo hukumbwa na mafuriko ya maji mengi. Katika majaribio ya eneo kubwa huko Jondaryan (Darling Downs, Australia) mistari sita ya Vetiver yenye eneo la zaidi ya meta 300 (ur efu wa futi 900) ilipandwa katika kontua zilizoachana kwa meta 90 (futi 180). Mistari hii ilikuwa kizuizi

Picha ya 2: Kushoto: Vielezi vyenye rutuba vilivyobakia baada ya maji ya mafuriko kupitia kwenye nyua za Vetiver. Kulia: Mtama uliostawi vizuri ambao haukudhurika na mafuriko katika bonde la mafuriko la Darling Downs, Australia.

cha kudumu cha kuzuia mafuriko. Data zilizokusanywa kutoka eneo hilo zilionyesha kwamba nyua hupunguza sana kina na nguvu ya maji yanayotiririka pole pole kupitia nyuani. Kwenye bonde dogo ua mmoja tu ulinasa tani 7.25 za vielezi. Matokeo ya miaka kadhaa, yakiwemo matukio mengi ya mafuriko yanathibitisha kuwa VS inafanikiwa kabisa kupunguza kasimwelekeo ya mafuriko na kiwango kikubwa cha msogezo wa udongo, kukiwa na mmomonyoko kidogo sana kwenye kanda zilizopumzishwa kulimwa (Truong na wenzake 1996, Dalton na wenzake 1996a na pia Dalton na wenzake 1996b). Majaribio haya yanaonyesha kuwa VS ni namna nyingineyo inayodumu badala ya mazoea ya upanzi wa mimea ya mazao kwa mistari katika nyanda tambarare za mafuriko za Australia.

2.5 Matumizi kwenye mteremko

Nchini India upanzi wa mimea katika mteremko kiwango cha 1.7% nyua za Vetiver zilizopandwa kwenye kontua zilipunguza kiasi cha maji yashukayo na kupotea (kulingana na asilimia ya mvua iliyonyesha) kutoka 23.3% (uzuiaji) hadi 15.5% na upoteaji wa udongo kutoka 14.4t/ha hadi 3.9t/ha, na ukaongeza mazao ya mtama kutoka 2.52t/ha hadi 2.88t/ha katika kipindi cha miaka 4. Ongezeko hilo la mazao lilitokana hasa na kutoondolewa na kurutubishwa kwa udongo na vile vile uhifadhi wa maji katika eneo lote kwa ajili ya uwepo wa mfumo wa nyua za Vetiver (Truong 1993) katika maeneo madogo huko kwenye Taasisi ya utafiti wa mimea ya pahali penye ukame kiasi na sehemu za tropiki (ICRISAT), nyua za Vetiver zilikuwa za manufaa zaidi kwa kuzuia maji na udongo kupotea kuliko 'nyasi limau' na vizuizi vya mawe. Maji yaliyopitia viploti vilivypandwa Vetiver yalikuwa 44% tu kwenye mteremko wa 2.8% na 16% katika mteremko wa 0.6%. wastani wa upunguzaji huo ulikuwa, kiasi cha maji 69% na kiasi cha udongo uliopotea 76% kulingana na rekodi zilizowekwa, ikilinganishwa na vijishamba vingine vya majaribio (Rao na wenzake 1992).

Picha ya 3: Vetiver iliyopandwa katika mteremko mkali kwa minajili ya kuhifadhi udongo na maji katika shamba kubwa la michai nchini India (P. Haridas).

Nchini Nigeria, mistari ya Vetiver ilipandwa kwenye miteremko ya 60% mwishoni mwa meta 20 (futi 60) za vijishamba vya maji yanayoshuka kwa muda wa misimu mitatu ili kukadiria athari zake kwa upoteaji wa udongo na maji, uwekaji wa unyevu na viwango vya mazao. Matokeo yalionyesha kuwa Vetiver iliuimarisha udongo na hali ya kemikali katika urefu wote wa meta 20 (futi 60) uliofungwa na mstari. Katika uendeleaji wa Vetiver, mazao ya kude yaliongezeka kati ya 11 na 26% nayo mahindi yakaongezeka 50% hivi. Ilipolinganishwa meta 20 zinginezo ambazo hazikuwa za Vetiver (za majaribio). Udongo na maji yaliyopotea yalikuwa kiwango cha 70% na 130% zaidi, mtawalia. Mistari ya Vetiver iliongeza uwekaji wa unyevu kati ya 1.9% na 50.1% kulingana na kina cha udongo. Kiwango cha Virutubishi katika udongo uliomomonyolewa kwenye vijishamba vya majaribio kilikuwa cha chini zaidi kikilinganishwa na vile vya Vetiver, na vile vile matumizi mwafaka ya nitrojeni yaliongezeka kwa 40%. Utafiti huu unaonyesha manufaa ya nyua za Vetiver kama hatua mwafaka ya uhifadhi wa maji na udongo katika mazingara ya huko Nigeria (Babola na wenzake 2003).

Matokeo ya aina hiyo yameripotiwa katika miteremko kadhaa, aina mbali mbali za udongo, na mimea nchini Venezuela na Indonesia, Natal, Afrika kusini, kuwa nyua za Vetiver zimezidi kutumika badala ya kingo za kontua na mifereji kwenye miteremko mikali ya maeneo ya kukuza miwa, na wakulima wameamua kwamba mfumo wa Vetiver ndio wenye manufaa zaidi na wa gharama ya chini kwa kuhifadhi udongo na maji baada ya kufananishwa na mifumo mingineyo (Grimshaw 1993). Manufaa ya gharama ndogo yalichanganuliwa kwenye eneo la mwinuko linalogawanya mito huko Maheswaran India, kwa kuchunguza Vetiver na vizuizi vingine vilivyojengwa vya kiinjinia. Mfumo wa Vetiver ulionekana kuwa wa manufaa zaidi hata pale tu mwanzoni ilipondwa kwa ajili ya uwezo wake na gharama yake ya chini (Rao 1993).

Nchini Australia, uchunguzi wa utafiti na kukuzawa miaka 20 umeyathibitisha matokeo hayo ya nchi za ng'ambo hasa yale matokeo yake mazuri kwa kuhifadhi udongo na maji, kuzuia ongezeko la makorongo, kurejesha ubora wa ardhi zilizoharibika na kunasa vielezi katika mifereji na mabonde.
Kwa kuongezea matumizi haya Vetiver imethibitisha wingi zaidi wa faida zake katika:
- Kuzuia mmomonyoko wa mabonde ya mafuriko ya Darling Downs.
- Kuzuia mmomonyoko wa udongo aina ya asidi ya sulfati.
- Kutumika badala ya kingo za kontua katika miteremiko mikali ya mashamba ya miwa ya Queensland kaskazini.

Nchini Vietnam nyingi ya tajiriba ya mashambani ya matumizi ya Vetiver yalipatikana katika 'mradi wa mihogo' (mradi wa Nippon Foundation) wa 'kuboresha' uendelezaji wa mfumo wa mazao ya utegemezi wa mhogo barani Asia katika China, Thailand na Vietnam 1994-2003) uliotekelezwa kwa ushirikiano na Chuo Kikuu cha Kilimo na Misitu cha Thai Nguyen (TUAF), Taasisi ya Taifa ya Rutuba udongoni (NISF) na Taasisi ya Sayansi Kilimo ya Vietnam (VASI sasa inaitwa VAAS). Mradi huu ulishirikiana na wakulima wa eneo la milima milima la kaskazini katika Yen Bai, Phu Tho, Tuyen Quang na Thai Nguyen sehemu za milimani za mkoa wa Thua Thien Hue na upande wa kusini magharibi. Tazama: Mhogo (Manihot esculenta) ni mojawapo ya mmea wa chakula muhimu sana cha kawaida kwenye maeneo ya unyevu mwingi ya tropiki, walakini ukiwa zao la mizizi unaoliwa, ambao unapandwa peke yake, ni mmoja wa mimea inayosababisha mmomonyoko zaidi katika nchi zinazoendelea. Ndiyo maana kuna umuhimu wa kuendeleza njia bora zaidi za mifumo ya kuzalisha mhogo.
Kwenye mradi huu, wakulima walijaribu michanganyiko kadhaa ya hatua mbalimbali pamoja na:
1. Kukuza pamoja na mimea mingine (k.v. kupanda kwa kontua pamoja na njugu karanga).
2. Kuleta aina bora za mbegu za mhogo(ya mashina ya matawi mafupi ili kupunguza athari za mpigo wa mvua inaponyesha) ikijumulishwa na matumizi zaidi ya viritubisho (vya masalia hai na vya kemikali).
3. (Ikiwa muhimu si haba): upanzi wa nyua za kuzuia mmomonyoko kwa kutumia VS ambayo ilijithibitisha kuwa mojawapo ya namna bora zaidi na pia kwa kuzuia upoteaji wa udongo (Taz CIAT cassava project).

2.6 Athari za kupoteza udongo

Kupunguza kiwango cha udongo unaopotea kuna faida zake, walakini wakulima wanaonelea ni bora zaidi kuhifadhi udongo wenye rutuba mashambani. Huenda ikawa wakulima wasiuthamini uhifadhi wa udongo wakati mashamba yao yakiwa bado yana udongo mwingi kwa vile uhifadhi ni kazi nyingi na unachukua sehemu fulani ya shamba. Ingawa hivyo, pale ambapo kilimo kinafanyika sana kwenye miteremko mikali na wakulima wanahitaji kutumia virutubisho kama samadi au/pamoja na kemikali, basi manufaa ya Vetiver si kwa kupunguza upotezaji wa udongo tu, bali pia kwa kuhifadhi rutuba udongoni na kuzuia maji yashukayo (Truong na Loch, 2004), kwenye maeneo ya mvua nyingi zaidi ; mfumo wa mizizi mingi na mirefu wa Vetiver una manufaa ya ziada: huifikia na kuifyonza rutuba iliyomo mbali na ambayo ingepotelea kwenye dongo za kina kirefu ambazo hazifikiki. Virutubisho hivi huurudia udongo Vetiver ikikatwa na kutumika kama matandazo.

Katika maeneo ya milima milia ya Vietnam kaskazini, Tephrosia na mnanasi mwitu zimetumika tangu jadi kama nyua (mara nyingine pamoja na matuta) kwa kupunguza upoteaji wa udongo. Hata hivyo manufaa ya mnanasimwitu ni kidogo sana. Mashina yake manene hufanya vilima ambavyo hata vinaweza kuongeza mmomonyoko kwa kukusanya maji na kuyafanya yapite kwa nguvu katika nafasi nyembamba katikati ya hivyo vilima. Nayo Tephrosia inafaa tu kwa wakati ule mfupi mmea unapostawi; kwani hufa baada ya miaka miwili hadi mitatu. Kwenye miteremko wastani nyua za Vetiver ni namna nyingine ifaayo badala ya matuta ya kidesturi ambayo mara nyingi inahitaji kufanyiwa kazi nyingi.

Picha ya 4: Tofauti ya upotezaji wa udongo kati ya Vetiver (kushoto) na *Flemingia congesta* mmea wa jamii kunde (kulia).

Picha ya 5: Hapa Ua la Vetiver kwenye mteremko wa 20% huko Fiji ulionasa udongo wakutosha kutengeneza matuta ya asili yenye kimo cha mita mbili baada ya miaka 30. Pia inazuia maji ya mvua kupita, mmomonyoko wa udongo hivyo kuongeza mazao miwa.

Dkt. Pham Hong Duc Phuoc, wa Chuo Kikuu cha Nong Lam, aliongoza uchunguzi uliofanya majaribio ya uwezo wa Vetiver kuhifadhi udongo katika mashamba makubwa ya mibuni katika eneo la mteremko mkoani Dong Ngai (kusini magharibi mwa Vietnam).

Nchini Indonesia kuanzisha upazi wa Vetiver katika mashamba kumefanikiwa sana kupita kwa shule ya kilimo bustani hai. Katika mradi wa Bali wa (kuondoa) umaskini VS imepandwa na watoto wa shule katika mabustani na kandokando ya barabara za mitaani. Kisha watoto wanaupeleka ujuzi wao nyumbani kwao.

Jedwali la 1 : Matokeo ya Vetiver kwa upotezaji wa udongo na maji yanayoshuka katika maeneo ya kilimo.

Nchi	Udongo uliopotea (t/ha)			Maji yashukayo (% ya mvua)		
	Kigezo	Kawaida	VS	Kigezo	Kawaida	VS
Thailand	3.9	7.3	2.5	1.2	1.4	0.8
Venezuela	95	88.7	20.2	64.1	50	21.9
Venezuela (mteremko wa 15%)	16.8	12	1.1	88	76	72
Venezuela (mteremko wa 26%)	35.5	16.1	4.9	-	-	
Vietnam	27.1	5.7	0.8	-	-	
Bangladesh	-	42	6-11	-	-	
India	-	25	2	-		

(Truong na Loch, 2004).

Picha ya 6: Vetiver inazuia mmomonyoko kwenye mgunda wa mibuni eneo la nyanda za juu za kati.

Picha ya 7: Nyua za Vetiver zinakinga bustani za kilimo hai katika miteremko ya 50% (Bali mashariki mradi wa (kuondoa) umaskini).

2.7 Muundo na uendelezaji: Makadirio ya wakulima

Matumizi ya Vetiver kwa kuzuia mmomonyoko wa udongo mashambani yamedhihirisha jambo moja: wakulima hutilia maanani mambo mengi sana kabla hawajaamua kama watatumia Vetiver na jinsi watakavyoitumia (Appifood Consulting Internatinal Marchi 2004). Wakulima utafiti (wakulima matajiri ambao walipatiwa ruzuku ya pesa ili kufaya majaribio) walitoa fununu juu ya maoni ya wakulima wenzao. Wasiwasi wao mkubwa zaidi ni utumiaji wa mbegu bora za kisasa na mbolea ya kemikali. Mapendeleo yao na kuwa radhi kwao kuanza kutumia Vetiver kama njia ya msingi ya kuhifadhi udongo yalitofautiana na wakulima wengine ambao hawakuruzukiwa.

Mara tu wakulima wanapofahamu kanuni za Vetiver na kupata nafasi na kukadiria manufaa yake ya haraka na ya baadaye huwa radhi kuipokea. Kwa hiyo ni muhimu kuwapa wakulima kipaumbele na kutazamia kwamba kila mmoja wao atarekebisha maelekezo wanayopatiwa ili yalingane na hali za shamba lake. Kwa mfano kiasi cha nafasi inayoachwa katikati ya mimea. Akijua hayo afisa wa nyanjani atakuwa na nafasi mwafaka ya kuwashauri wakulima vilivyo na hivyo basi kuhakikisha ufanisi wa mfumo. Matumizi ya vifaa vya ufadhili kwa wakulima na vichocheo vinginevyo ili kuwafanya washiriki katika majaribio ya VS yanakomeshwa, kwa sababu kufanya hivyo kutaharibu marejeleo ya matokeo.

Picha ya 8: Kuonyesha waziwazi jinsi udongo unavyopotea (mradi wa mihogo wa CIAT).
Orodha ifuatayo inaonyesha uwezekano wa utumiaji wa VS.kwa wingi ili kuhifadhi udongo na maji.

A. Je tatizo la mmomonyoko wa udongo ni kubwa kiasi gani?

- Je maumbile ya udongo yana kina gani?
- Je ni kiasi gani cha udongo unaobebwa na maji kinachoonekana waziwazi hapo hapo shambani au sehemu za chini mto unakoteremka?
- Je, udongo unaopotea ni wa thamani gani? Ikiwa wakulima walitumia fataliza basi watakubali haraka zaidi na kufanya bidii ya kuokoa kitega uchumi chao na kuzuia uharibifu kutokana na maji ya mvua au mchujuo wa kuhamisha virutubisho hadi sehemu za ndani kabisa udongoni (k.m. mizizi mirefu sana ya Vetiver inaweza kuifikia na kuipata nitrojeni iliyoyeyuka kwa uchujaji na kupenyeshwa ndani kabisa).
- Kutokana na mwinamo wa mteremko na muundo wa udongo, je ni kipi kiwango chake cha umomonyokaji?
- Je VS inalinganaje na mifumo mingine iliyopo ya kuzuia mmomonyoko (k.m. utengezaji wa matuta ya kontua, matuta ya mawe katika kontua, matandazo ya plastiki, aina za mimea ya matawi ya chinichini na ya kufanya uvuli kwa haraka).

B. Je umuhimu wa mimea ya mazao ni wa kiwango gani ukilinganishwa na sehemu zingine za shamba linalohusika?

Wakulima wanapendelea zaidi kuwekeza kwenye aina za uhifadhi ambazo vile vile hutoa mazao ya ziada ya faida.

- Je sehemu ya shamba itakayotumiwa ina thamani gani (kuwa radhi kugharamika kifedha na ajira) ikilinganishwa na?
- Hali ya uwezo wa mkulima? Ni kiasi gani cha fedha anachoweza kuwekeza kwa ajira kwenye sehemu hiyo inayohusika? Ni nini kinachohitaji zaidi kushughulikiwa katika muda alionao, fedha alizonazo (k.m. eneo la kukuza mpunga, fedha za kuajiri vibarua)?
- Je, mkulima huyo ana uhakika wa umiliki wake wa shamba hilo ili asije akasumbuka bure kulishughulikia na huku ataliachia mtu mwingine?
- Je, umbali wa mashamba kutoka nyumbani unahalalisha gharama ya uwekezaji?
- Je, mkulima anaweza kutumia Vetiver kwa matumizi mengineyo ya kukamilishia mahitaji yake?
- Je, kunayo nafasi ya kutosha ya kufanya nasari/kitaru cha mbegu?
- Je, ni sera gani zinazopingana na mipango ya hatua za uhifadhi wa udongo na maji?
- Kuna vipingamizi gani vya kiikolojia vinavyoathiri matumizi ya Vetiver? (K.m Vetiver haistahimili uvuli; walakini ikishauota na kustawi uvuli hauwi tatizo kubwa sana).

Wakulima wanahimizwa kufanya majaribio, kulinganisha, na kutumia Vetiver pamoja na namna zingine zinazotumika kuhifadhi udongo na maji.

3. MATUMIZI MENGINE MUHIMU YA UHIFADHI MASHAMBANI

3.1 Ukingaji wa mazao: uzuiaji wa dudumizi katika mahindi na mpunga

Dudumizi hushambulia mahindi, mpunga na aina zote za mtama barani Afrika na Asia. Nondo hao hutaga mayai yao kwenye majani ya mimea. Profesa Johme Van Den Berg mtaalamu wa elimu ya wadududu, (Kituo cha Sayansi ya Mazingara na Maendeleo, Chuo Kikuu cha Potchefstroom, Afrika Kusini) aligundua ya kuwa nondo hupendelea kutaga mayai yao kwenye majani ya Vetiver iliyopandwa kandokando ya mmea badala ya majani ya mihindi au mpunga wenyewe. Wadudu wakipata nafasi hiyo, takriban 90% ya mayai hutagwa kwenye majani ya Vetiver badala ya mazao. Kwa sababu majani ya Vetiver yana manyoyamanyoya, viwavi wanaonguliwa juu yao haviwezi kutambaa kwa urahisi. Viwavi hivyo huanguka chini na kufilia mchangani, na kusababisha maangamizi vya viwavi wengi kiasi kama 90%. Pia Vetiver ni makazi ya wadudu wengi ambao si waharibifu bali huwashambulia wale wadudu wanaoharibu mimea.

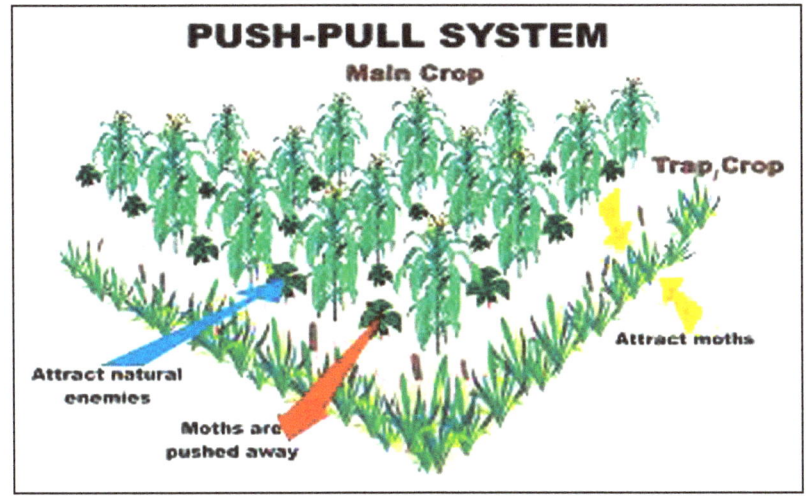

Mchoro wa 2: Mfumo wa sukuma na vuta: Vetiver huvutia nondo watage mayai pahali ambapo viwavi wataangamia.

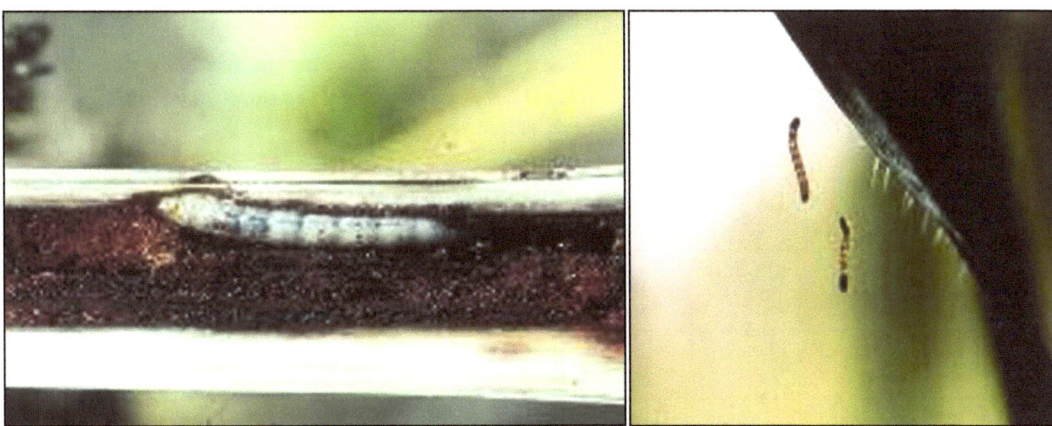

Picha ya 9: Dudumizi (*Chillo partellus*).

Picha ya 10: Uzuiaji wa dudumizi kwa mahindi (Zululand, Afrika kusini)

Kikishirikiana na Dkt Van Den Berg, Chuo Kikuu cha Can Tho, hivi sasa kinachunguza kwa kina matumizi halisi yanayowezekana yenye athari hizo kwenye zao la mpunga. Matokeo ya awali yanatia moyo sana.

3.2 Chakula cha mfugo

Majani ya Vetiver yana ladha nzuri na huliwa sana na ng'ombe, mbuzi na kondoo. Jedwali la 2 linalinganisha lishe ya Vetiver na ile ya nyasi zingine za maeneo karibu na tropiki nchini Australia.

Picha ya 11: Kushoto: nyati wakila Vetiver inayopakana na handaki. Kulia: ng'ombe wanalishwa Vetiver changa.

Jedwali la 2: Viwango vya lishe vya Vetiver, nyasi Rhodes na kikuyu, nchini Australia.

Vigezo vya uchanganuzi	Vipimo	Nyasi Vetiver			Rhodes	Kikuyu
		Changa	Pevu	Nzee	Pevu	Pevu
Nishati (kucheua)	kCal/kg)	522	706	969	563	391
Mmeng'enyo wa chakula	%	51	50	-	44	47
Protini	%	13.1	7.93	6.66	9.89	17.9
Mafuta	%	3.05	1.3	1.4	1.11	2.56
Kalisi	%	0.33	0.24	0.31	0.35	0.33
Magnesi	%	0.19	0.13	0.16	0.13	0.19
Sodiamu	%	0.12	0.16	0.14	0.16	0.11
Potasiamu	%	1.51	1.36	1.48	1.61	2.84
Fosforasi	%	0.12	6	0.1	0.11	0.43
Chuma	mg/kg	186	99	81.4	110	109
Shaba nyekundu	mg/kg	16.5	4	10.9	7.23	4.51

Majani machanga ya Vetiver yana lishe ya hali ya juu, ambayo inatoshana na lishe ya nyasi pevu za aina ya Rhodes na nyasi Kikuyu. Walakini lishe ya Vetiver iliyokomaa huwa ni ya chini na wala haina protini mbichi kabisa.

Uchunguzi uliofanywa Vietnam (Nguyen Van Hon, 2004) unaonyesha kuwa Vetiver changa inaweza kuchukua nafasi ya nyasi Brachiaria mutica kwa kulisha mbuzi wanaoendelea kukua.

Kwa kawaida majani ya Vetiver huwa ni mazao ya ziada ya matumizi kwa kuhifadhi udongo na maji, sio kwa kulisha mifugo.Ingawa hivyo, bado Vetiver inaweza kukuzwa kama chakula maalumu kwa mifugo katika hali fulani inapobidi. (Tazama sehemu ya 4.2, ambapo Vetiver ilitumika kwa urekebishaji wa udongo mkooani Ninh Thuan). Miche ya Vetiver ina lishe nzuri inapokatwa (kupunguzwa) mara kwa mara kati ya mwezi mmoja na mitatu, kulingana na hali hewa iliyopo. Kiwango cha lishe, kama ilivyo kawaida ya nyasi za tropiki, huwa tofautitofauti kulingana na msimu, hatua ya ukuaji na kiasi cha rutuba udongoni.

Vetiver inapotumika kwa madhumuni mengine, matumizi kwa kulisha mfugo huwa ni manufaa ya ziada. Baada ya msimu wa baridi iliyokithiri kabisa katika mkoa wa Quang Binh, Vetiver ndiyo iliyokuwa chakula cha pekee cha kijani kibichi kilichokuwa kinapatikana, hiyo baridi kali sana ilikuwa imeziangamiza nyasi zingine zote. Zaidi ya hayo, Vetiver iliyokua katika taka za shamba la kufuga nguruwe ina kiwango cha juu cha virutubisho vya protini mbichi, karotini na lutini pamoja na viwango vidogovidogo vya madini yafuatayo ya Ca, Fe, Cu, Mn, na Zn na viwango vinavyokubalika vya madini mazito ya Pb, As na Cd (Pingxiang Liu 2003).

3.3 Matandazo ya kuzuia magugu na kuhifadhi maji yaliyomo udongoni
Vetiver ina kiwango cha juu sana cha madini ya silica zaidi ya nyasi zingine za tropiki kama vile Imperata cylindrica kwa hiyo miche yake huchukua muda mrefu kuoza. Hilo linaifanya Vetiver kufaa sana kwa matumizi ya matandazo shambani na uezekaji (inapoezeka haikai na vidudu ndani yake).

Kuzuia magugu: Yakitandazwa sawasawa mchangani yawe mabichi au yaliyokaushwa, majani ya Vetiver huunda 'zulia' zito linaloshindilia magugu. Matandazo ya Vetiver hufaulu sana kuzuia magugu katika migunda ya mibuni na kakao katika nyanda za juu za kati na mashamba ya michai nchini India.

Picha ya 12: Vetiver inazuia mmomonyoko na matandazo yake yanazuia magugu kwenye mgunda wa mibuni katika nyanda za juu na kati.

Kuhifadhi maji: Mfuniko mnene wa matandazo ya Vetiver unaongeza upenyezaji wa maji udongoni na kupunguza mvukizo, ambao ni jambo muhimu sana katika hali hewa kame na za joto jingi za mikoa ya pwani kama vile Ninh Thuan. Pia inalinda udongo wa juu juu kuathirika na mpigo wa matone ya mvua, ambacho ni kisababishi kikubwa cha mmomonyoko wa udongo.

Picha ya 13: Matandazo ya Vetiver yanazuia magugu katika shamba kubwa la michai India kusini (P Haridas).

4. MAREKEBISHO YA MASHAMBA NA KINGA KWA JAMII ZINAZOKAA KWENYE MAENEO YA MAFURIKO

4.1 *Kuimarisha chungu za mchanga*

Chungu za mchanga zimetapakaa katika eneo la zaidi ya hekta 70,000 (ekari 172,974) kandokando ya pwani ya Vietnam ya kati, chungu hizi husogea sana kwa ajili ya upepo mkali na huwa zinamomonyoka kwa urahisi sana wakati wa mvua nyingi. Bila kuimarishwa, mchanga huo utaingilia maeneo ya thamani ya kilimo, na kuharibu mazao, huku ukiziba mito na vijito. Wakulima wa sehemu hizo hupata hasara kubwa kwa ajili hiyo. Namna za kimapokeo za kuimarisha chungu za mchanga hazifui dafu, ambazo ni upanzi wa mivinje, minanasi mwitu na ujenzi wa mahandaki madogo madogo ya mchanga. Hadi wa leo, nyua za Vetiver ndizo suluhisho la maana zaidi.

Uchunguzi mahususi ufuatao unadhihirisha tatizo: katika mkoa wa Quang Binh kipenyo mteremko cha handaki kilikuwa kimemomonyoka vibaya kwa ajili ya kijito kilichoteremka kwa kupindapinda na kuwa mpaka asili kati ya chungu za mchanga na nasari ya Mradi wa Misitu. Kijito kilipoendelea kukata kipenyo cha mteremko wa chungu, kiliuondoshwa mchanga na kuubwaga katika mashamba ya kunyunyizwa maji katika nyanda za chini. Wakulima waliojaribu kukichepua kijito hicho kwa kutengeneza mahandaki ya mchanga, hawakufanikiwa bali walihamisha tatizo hilo kwa mashamba ya wenzao. Hali hiyo ilisababisha ugomvi baina ya wakulima.

Safu nne za Vetiver zilipandwa kwenye mistari ya kontua za mteremko wa chungu ya mchanga, kuanzia ukingoni mwa kijito. Baada ya miezi mine tu, mimea ilifanya nyua zilizofungamana na zikakiimarisha kipenyo hicho cha chungu ya mchanga. Mradi wa Msitu uliridhishwa sana na matokeo hayo na kuamua kupanda Vetiver kwa wingi sana katika chungu zingine za mchanga na hata pia, kuitumia kukinga mihimili wa daraja. Pia nyasi hii iliwashangaza wakulima zaidi kwa kuweza kustahimili msimu wa baridi kali zaidi katika miaka kumi, ambayo nyuzi joto ziliporomoka na kushuka hadi kiwango chini ya 10 oc, majira ya baridi ambayo yalisababisha wakulima kuyapanda mashamba yao ya mpunga na mivinje safari mbili. Baada ya miaka miwili, mimea asili ya mivinje na minanasi mwitu, ilijistawisha katikati ya safu za nyua za Vetiver. Chini ya uvuli wa miti asili Vetiver ilipotea ikiwa imeshakamilisha lengo lake. Mradi huo unathibitisha kwa mara nyingine tena kuwa Vetiver inaweza kustahimili hali ngumu na mbaya kabisa za udongo na hali hewa. Maswala kadhaa yanapaswa kufikiriwa kabla ya kuchukua hatua za kukinga miteremko ya chungu za mchanga.

1. Kukadiria na *kupanga pamoja na jamii za wenyeji ni muhimu sana* kwa vile wenyeji wanaweza:

i). kutoa hoja zenye manufaa wakati wa kufanya mipangilio

ii) kutoa mchango wa kifedha

iii) kuwa wafanyi kazi wa mkono katika utekelezaji

iv) kulinda na kuendeleza mbegu changa

v) Kufaidika kwa kuajiriwa katika shughuli zinazohusiana na uanzishaji, uendelezaji na matengenezo ya eneo la ukuzaji.

2. ***Kuwafunza wenyeji:*** wakati wa kuwafunza juu ya uzidishaji upanzi na uendelezaji, ni, vyema kuwafunza juu ya faida zingine (chakula cha mifugo, sanaa za mkono).

3. *Uzalishaji:* mikataba inaweza kufanywa ili wenyeji watengeneze nasari za kutoa mbegu za kuanzisha upanzi wa Vetiver.

4. ***Matengenezo na ufuatilizaji:*** wenyeji wanaweza kufuatiliza na kuendeleza mimea iliyopandwa. Matengenezo ya wakati wa Vetiver ikiwa changa ni ya muhimu kwa sababu mchanga unaosongea, unaweza kuizika mimea michanga au kuisomba.

Picha ya 14 na 15 zinaonyesha Vetiver iliyopandwa na wenyeji kwenye chungu za mchanga wilayani Le Thuy na mkoani Quang Binh.

Picha ya 14: Mapema mwezi wa Aprili 2002 - Vetiver ikiwa na mwezi mmoja baada ya kupandwa. Tazama; kushoto: matandazo yalitandazwa juu ya safu ya juu. Kulia: Oktoba katikati 2002 (miezi Saba): mivinje imeota tena katikati ya safu.

Picha ya 15: Inaonyesha vile wenyeji walivyoendeleza matumizi kwa usaidizi wa wanamisitu wao.Februari 2003: nyua zilizopadwa Oktoba 2002 zilizonusurika msimu wa baridi kali zaidi ya misimu yote katika Quang Binh.

Vetiver vile vile hudhibiti vilivyo mchanga unaopeperushwa. Kwa matumizi hayo, nyasi hiyo inapaswa kupandwa mkato wa mwelekeo wa upepo , hasa kwenye mibonyeo iliyo katikati ya chungu za mchanga, ambapo ndipo kwa kawaida kasimwelekeo ya upepo huongezeka. Matumizi kama hayo yamejaribiwa pwani ya Senegal (picha ya 16) na pia kisiwa cha Pintang kando ya pwani ya Uchina mashariki.

Picha ya 16 Vetiver inakinga chungu za mchanga katika moja ya pwani ya Senegel (kushoto M.sy) na kisiwa cha Pintang Uchina (kulia) inazuia mmomonyoko wa upepo, na pia inakinga madhara ya upepo kwa mimea michanga.

4.2 Kuomgeza mazao kwenye udongo wa changarawe, chumvi na magadi katika hali hewa ya nusu jangwa

Katika sehemu ya kusini ya kati nchini Vietnam, Ninh Thuan na Binh Thuan ni mikoa miwili ya pwani yenye hali hewa sawa. Ijapokuwa iko pwani, ina hali ya ukame na hupokea mvua ya kiwango cha kati ya milimeta 200-300 (8-12"). Matokeo yake ni upungufu mkubwa sana wa maji baridi kwa mimea na mifugo.

Mchanga /udongo wa chungu za pwani una umunyu, alkali na magadi na una, tabaka jembamba gumu la madini ya jasi (sodic-petrocakic) ambalo liko karibu sana hapo chini ya udongo wa juu. Uzalishaji wa kilimo katika maeneo hayo ni wa shida sana, kwa ajili ya udongo usiofaa (tabaka hilo gumu la jasi linazuia mizizi kupenya udongoni na kuufikia unyevu ulioko chini yake, na kwingineko mvua kidogo inatatiza. Chungu za pwani vile vile huathiriwa na mmomonyoko wa upepo na wa maji kunaponyesha. Kwa hiyo mimea inayokua hapo ni kidogo na haitoshi kwa malisho ya mifugo. Mambo haya huchangia hali ya maisha kuwa ngumu na kupandisha kiwango cha umaskini kwa wenyeji wa hapo.

Kutoka 2003 hadi 2005 profesa Le Van Du na wanafunzi wake kutoka Chuo Kikuu cha mji wa Ho Chi Minh cha Kilimo Misitu, walipanda Vetiver kwenye udongo huo wa umunyu na magadi ili kujua kama VS ingeweza kuongeza kiwango cha uzalishaji wa mashamba kwenye hizo hali hewa za nusujangwa. Waligundua kwamba, baada ya kupandwa kwa kuanzia na unyunyizaji, Vetiver ilikua vizuri sana. Kwenye miezi miwili ya kwanza, Vetiver ilikua haraka mara mbili hadi tatu upesi zaidi ya mmea mwingine wowote, ikiwa na nzito wa majani yake mabichi wa tani 12 katika udongo wa changarawe usio na umunyu (96% ikiwa ni changarawe) na tani 25 kwenye udongo wa alkali magadi. Katika miezi mitatu mizizi yake ilipenyeza kina cha sentimeta 70 (26.5") kupitia lile tabaka gumu na kuufikia unyevu ulioko chini yake, ambao haukuweza kufikiwa na mizizi ya mahindi, zabibu na mimea mingineyo. Wanasayansi waliona ongezeko kubwa sana la rutuba udongoni baada ya miezi mitatu tu, hususan ilechumvi ya kuyeyuka na hali ya pH ilikuwa imepunguka sana. Ingawa hali ya pH ya udongo haikubadilika baada ya miaka mitatu ya kukuza zabibu, kufuatia upanzi wa Vetver pH ya udongo ilipungua hadi kufikia vipimo 2 kutoka tabaka la juu la kina cha meta (3) pamoja na kiwango cha munyu ulioyeyuka. Kupunguka kwa magadi udongoni kwa zaidi ya nusu, kuliongeza uzalishaji wa mimea asili kama vile mahindi na zabibu.

Picha ya 17: Mizizi ya Vetiver ilipenya tabaka gumu la jasi na kuyafikia maji ya udongoni ikastawi ilipokosa kunyunyiziwa maji mihindi na mizabibu ilikufa.

Picha ya 18: Kushoto: udongo wa changarawe katika hali yake ya asili. Kulia: udongo huo huo ambao sasa ni shamba la mizabibu, baada ya marekebisho kwa kutumia Vetiver.

4.3 Kuzuia mmomonyoko kwenye udongo ulio na asidi ya sulfati nyingi kuzidia

Undelezaji wa kilimo kawaida na cha majini kwenye maeneo ya udongo wa asidi sulfati unahitaji utaratibu mwafaka sana wa kunyunyiza na kuondoa maji. Wenyeji wa sehemu hizi sanasana hutumia udongo wa huko (wenye pH ya chini, sumu nyingi, na wa aina ya mfinyanzi) ili kujenga miundo msingi nayo inaathirika sana na mmomonyoko wa udongo kwa vile hauwezi ukakuza mimea. Kwa vile maeneo ya asidi sulfati huwa ni ya kima cha chini na hukumbwa na mafuriko, watu wa pahali hapo huishi maisha magumu kweli kweli.

Ingawaje aina hii ya udongo inapatikana kwenye sehemu tofauti tofauti, tabia yake huwa ni ile ile: kuwa na

---

asidi sulfati nyingi kupindukia pH ya kati ya 2.0 na 3.0 kwenye msimu wa ukame, na pia kuwa na viwango vya juu vya Al, Fe na SO_4^{2}. Kiwango cha juu cha udongo wa mfinyanzi huufanya udongo ufanye nyufanyufa unapokauka, hapo mashimo makubwa hufanyika nayo huingiza maji mengi msimu wa mvua na mafuriko na kusababisha mmomonyoko wa udongo. Kwa ajili hiyo ni mimea michache sana inayoweza kukua na kudumu hapo msimu wa ukame, hata zile aina za mimea zinazosemekana kuwa ni spishi zinazostahimili hali za huko.

Picha ya 19: Kabla na baada ya upanzi wa Vetiver kwenye udongo wa asidi sulfati kali sana katika ukingo mkoani Tien Giang, Vietnam.

Vetiver imeimarisha kuta za barabara na kuzuia mmomonyoko wa kingo za mifereji katika pahali patano palipo katika maeneo ya udongo wa asidi sulfati kali sana nchini Vietnam: handaki moja la kukinga mafuriko (liliokinga jamii ya watu waliokimbia mafuriko) mkoani Tien Giang, matatu katika mkoa wa Long An na sehemu moja ya mafuriko iliyokingwa na handaki karibu na mji wa Ho Chi Minh.

Ikipandwa kwenye mifuko ya plastiki, Vetiver hukua upesi kwenye udongo huo mbaya. Ingawa hakuna mmea wowote uliostawi Vetiver ilipopandwa moja kwa moja kwenye udongo wa asidi sulfati, walakini zaidi ya 80% za miche zilinusurika na kuendelea kukua kama kawaida baada ya kiasi kidogo cha chokaa, udongo mzuri wa juu, au samadi kuongezewa kwanza katika mitaro ya kupandia mbegu.

Matokeo yafuatayo yalirekodiwa.
- Kwa miezi mine, baada ya kupandwa, Vetiver ilipunguza sana kiasi cha udongo uliopotea kwa mmom-onyoko. Kingo za mifereji zilipoteza udongo kwa kiwango cha tani 400-750/hekta, kikilinganishwa na tani 50-100/hekta kwenye kingo za mfereji uliokigwa na Vetiver.
- Baada ya miezi 12, kiasi cha udongo uliopotea kilipungua sanasana.
- Kingo ziliimarika kabisa Vetiver ilipopunguzwa hadi kuwa na urefu wa sentimeta 20-30 (inchi 8-12) na miche iliyokatwa ikatumika kama matandazo ya kufunika zile sehemu wazi za kingo (Le Van Dun na Truong 2006).

4.4 *Kukinga jamii zinazoishi sehemu zilizotengwa na mafuriko*
Mafuriko makubwa hutokea kila mwaka katika mikoa kadhaa ya Delta ya mto Mekong kusini mwa Vietnam, mafuriko haya huwa na maji ya kina cha meta 6-8 (futi 18-24) na yanaweza kudumu kwa miezi mitatu hadi mine. Kutokana na hayo nyumba hugharikishwa kila mwaka kama haziko pahali salama palipokingwa na mfumo madhubuti wa mahandaki. Wakulima wa mazao ya chakula hulazimika kuyajenga upya makao yao kila mwaka na huwa wanakereka na kugharimika sana. Picha ya 20: Kabla na baada ya upanzi wa Vetiver kwenye udongo wa asidi sulfati kali sana katika ukingo mkoani Tien Giang, Vietnam.

SEHEMU 5

Picha ya 20: Kushoto: maeneo yaliyotengwa na mafuriko (vijiji vilivyokingwa) katika wilaya ya Tan Chau mkoani An Giang; Kulia: ukingo wa kijiji.

Ili kukabiliana na tatizo hili, serikali za wilaya hufanya mipaka ya maeneo ya kujengea makao mbali na mafuriko kwenye sehemu zilizoinuka kidogo na kuongezewa kuinuka zaidi kwa udongo wa sehemu hizo. Ingawa sehemu hizo ziko juu kiasi cha kusalimika kugharikishwa na hayo mafuriko ya muda mrefu, kingo zao zinamomonyoka kwa urahisi sana na zinahitaji kukingwa na madhara ya mikondo na mawimbi yenye nguvu yanayotokea wakati wa mafuriko. Nyua za Vetiver zimekuwa mwafaka kabisa katika kukinga 'vijiji' hivyo dhidi ya mmomonyoko wa mafuriko, pamoja na manufaa ya ziada ya kutibu uchafu na majitaka ya wanakijiji wakati wa msimu wa ukame.

4.5 Kukinga miundo msingi mashambani

VS inatumika sana kwa kukinga miundo msingi mashambani na kwa kuimarisha kingo za mabwawa ya huko, mahandaki ya kilimomaji na barabara, ni baadhi ya matumizi. Picha ya 22 inaonyesha Vetiver ikipunguza mkumbo wa korongo ambalo huondoa maji kutoka kwa mafuriko ya msimu kwa msimu katika eneo la mashamba (kwa nyuma) na kuyaelekeza mtoni. Kwa sababu korongo hilo pia ni tishio kwa kidimbwi cha kamba wadogo (kulia) Vetiver pia hukinga kingo za kidimbwi, hasa katika eneo ambalo mkulima huondolea maji ya kidimbwi kuelekea korongoni, ambapo ni pahali panapoathirika zaidi.

Picha ya 21: Vetiver ikikinga kidimbwi cha kamba wadogo kilicho karibu na korongo la asili linalomwagia maji yake mtoni (mkoa wa Da Nang); huu mradi kielelezo ulianzis hwa kama sehemu ya kwanza ya mradi wa Vetiver uliofadhiliwa na Ubalozi wa Kifalme wa Uholanzi nchini Vietnam.

Picha ya 22: Vetiver iliyopandwa kwa mtindo maalumu ikizuia mahandaki kidimbwi cha kamba wadogo huko Quang Ngai.

Picha ya 23: sehemu ya kulia ya hii barabara ya mashambani huko Quang Ngai inakingwa na Vetiver; sehemu ya kushoto haijakingwa.

Vetiver hukinga miteremko inayopakana na barabara za udongo na mito, ikizuia maporomoko ya ardhi katika sehemu za milimamilima na mmomonyoko wa kingo za mto kwenye bonde la mafuriko.

Nchini Ufilipino na India Vetiver pia hutumika sana kuimarisha yale mahandaki membamba yanayotenga makonde ya mpunga na mteremko. Upandaji huu unaziimarisha kingo za mahandaki hayo na kupunguza upana wao, na kuongezea eneo la shamba la mazao. Manufaa mengineyo ya ziada ni kwamba mmea hutoa chakula cha ng'ombe na nyati (waliofugwa) katika msimu wa ukame. SEHEMU YA 3 inaeleza kwa undani habari za ukingaji wa kingo za mito.

5. MATUMIZI MENGINEYO

5.1 Kazi ya mikono

Jamii za mashambani huko Thailand, Indonesia, Ufilipino, Marekani ya Kilatini na Afrika zinatumia majani ya Vetiver kutengeneza bidhaa za kazi ya mkono za hali ya juu, hii ni namna muhimu ya kuendeleza uchumi.

Picha ya 24: Mifumo mahususi ya bidhaa za kazi ya mkono ya Ki Thai inayofadhiliwa na Halmashauri ya Royal Development Projects of Thailand.

"Kitabu cha vifaa vya kazi ya mkono Thailand", kilichochapishwa na Pacific Rim Vetiver Network (1999) kina picha na michoro mingi na ni mwongozo unaofaa unaoweza kutumika.Marejeleo yaliyo mwishoni mwa sehemu hii yanaeleza kwa kina jinsi ya kuupata mwongozo huo.

Halmashauri ya The Royal Developments Projects ya Thailand hutoa mafunzo bila malipo ya utengenezaji wa bidhaa za kazi ya mkono kwa kutumia Vetiver, kwa wageni.

Picha ya 25: Bidhaa za kazi ya mkono za Vetiver zilizotengezwa kwa kusuka majani ya Vetiver kuwa kama 'kitambaa' kwa kutengeza aina mbali mbali za mito ya kulalia. Bidhaa hizi zilitengezwa nchini Mali.

Picha ya 26: Bidhaa za Vetiver zilizotengenezwa na chama cha ushirika wa akina mama wa Venezuela kwa ufadhili wa wakfu wa POLAR

5.2 Uezekaji

Majani ya Vetiver hudumu zaidi ya Imperata cylindrica angaa kwa urefu wa muda mara mbili zaidi kulingana na ushahidi wa wakulima wa Thailand, Afrika, Visiwa vya Pasifiki Kusini, na hivyo kuyafanya majani hayo kuwa mwafaka kwa kutumika kwenye matofali na uezekaji. Watumizi wake wengine wameripoti kwamba majani hayo pia hayashambuliwi na mchwa.

Picha ya 27: Uezekaji Venezuela.

Picha ya 28: Kutoka kushoto hadi kulia: paa zilizoezekwa kwa Vetiver nchini Fiji, Vietnam na Zimbabwe.

5.3 Utengezaji wa matofali ya udongo

Mashina ya Vetiver hutumika sana nchini Senegal, Afrika kwa kutengeneza matofali ya udongo ambayo hayapasuki kwa urahisi. Nchini Thailand nyumba na mihimili huijengwa kwa matofali ya udongo wa mfinyanzi uliochanganywa na majani ya Vetiver. Vifaa hivi vya ujenzi huwa na joto dogo sana kwa hiyo ujenzi wake hautumii nishati ya kiwango kikubwa na ni teknolojia ya kutumia waajiriwa wa kienyeji.

5.4 Nyuzi na kamba

Wakulima wanaokuza mpunga ambalo ndilo zao muhimu katika Delta ya mto Mekong wamegundua matumizi mengine ya majani ya Vetiver: kutumika kama nyuzi za kufunga pamoja mafungu ya miche na pia masuke ya mpunga. Wanapendelea nyuzi za Vetiver kwa sababu zinapindika kwa urahisi na ni zenye nguvu, hata zaidi ya nyuzi za migomba, matete na mchikichi wa nipa ambazo ndizo zinazotumika zaidi.

Picha ya 29: Kushoto: Vetiver inaimarisha ukingo wa mbao kandokando ya mto. Kulia: Majani ya Vetiver yalikatwa ili kutengeza nyuzi za kutumuia kufungia masuke au miche ya mpunga.

5.5 Mapambo

Vetiver iliyokomaa hutoa Maua ya rangi ya zambarau nyepesi yanayopendeza sana yanaweza kukatwa na kutumika kwa kupamba, au kama mimea ya mapambo ya kukuzwa vyunguni au katika bustani za kuremba mandhari za pahali wazi pa umma kama vile ziwani au viwanjani vya burudani.

Picha ya 30: Vetiver iliyopandwa kandokando ya ziwa katika kitongoji cha kifahari (Brisbane Australia)..

Nice flower heads in Australia and cut flower display in China

Potted plants at Thien sing company, Saigon, Vietnam

Picha ya 31: matumizi mbali mbali kwa upambaji Australia, Uchina na Vietnam.

5.6 Ukamuaji wa mafuta kwa matumizi ya dawa na vipodozi

Barani Afrika, India na Amerika Kusini, mizizi ya Vetiver inatumika sana kama dawa za kutibu mafua na hata kansa. Utafiti wa Kiamerika unathibitisha kwamba mafuta yanayokamuliwa kutoka kwenye mizizi ya Vetiver yana tabia za uzuiaji wa uoksidishaji na upunguzaji au ukingaji dhidi ya kansa. Nchini India na Thailand waganga huyatumia sana mafuta ya Vetiver kwa matibabu ya ufukizaji kwa ajili ya manufaa yake ya kutuliza ambayo yamekwisha kuthibitishwa.

Jedwali la matumizi katika marashi :
- Mafuta safi asili (ambayo yenyewe ni manukato tosha) hutumika kutengeneza marashi yanayovukiza pole pole (mifano ni Ruh Khus, Majmua).Vetiverol- harufu yake si kali sana huyeyuka kwa urahisi katika pombe na ina uwezo mkubwa wa kunasa na kuchanganya inavyotakikana.
- Katika hali iliyofifilishwa - zinatumika kwa kutia ladha, kuburudisha na kwa matumizi ya kutia ubaridi (mifano ni maji ya marashi ya Cologne na mengineyo).

Dawa ya kufukiza/kusana:
- Kwa kutibu ngozi, manufaa ya CNS.
- Huachisha kuvuja damu kwa pua (kutokwa na muhina).

Jedwali la 3: Utoaji na matumizi ya mafuta ya mizizi ya Vetiver pamoja muundo wake wa kikemikali na jinsi yanavyotumika.

Mafuta ya mizizi ya Vetiver: Mafuta Vetiver	V.C. Lavania
Central Institute of Medicinal & Aromatic Plants	Lucknow (India).
Utoaji wa mafuta ya Vetiver duniani	tani 250 kila mwaka
Makadirio ya bei ya mafuta	US$80/kg
Nchi zitoazo mafuta sana	Haiti,Indonesia (Java) Uchina, India Brazil, Japan
Matumizi muhimu marashi	kuchanganya na marashi mengine, kwa ladha, vipodozi, vitu vya kutafuna
Mizizi yenyewe	kwa namna nyingi za matumizi ya utiaji baridi.
http://www.cimap.res.in	

6. MAREJELEO

Agrifood Consulting International, March 2004. Integrating Germplasm, Natural Resouce, and Institutional Innovations to Enhance Impact: The Case of Cassava – Based Cropping Systems Research in Asia, CIAT-PRGA Impact Case Study. A Report Prepared for CIAT-PRGA.

Berg, van den, 2003.Can Vetiver Grass be Used to manage Insect Pests on Crops? Proc. Third International Vetiver Conf. China, October 2003.Email:drkjvdb@puk.ac.za

Chomchalow, Narong, 2005. Review and Update of the Vetiver System R&D in Thailand. Summary for the Regional Conference on Vetiver "Vetiver System: disaster mitigation and environmental protection in Vietnam', Can Tho City, Vietnam, to be held in January 2006.

Chomchalow, Narong, and Keith Chapman,(2003).Other uses and Utlization of Vetiver. Pro. ICV3, Guangzhou, China, 2003.

CIAT-PRGA, 2004?. Impact of Participatory Natural Resource Mangement Research in Cassava-Based Cropping Systems in Vietnam and Thailand. Impact Case Study. DRAFT submited to SPIA, September 7, 2004?

Greenflied, J.C. 1989. ASTAG Tech. papers. World Bank, Washington D.C.

Grimshaw, R.G. 1988. ASTAG Tech. papers. World Bank Washington

Le Van Du and P. Truong (2006). Vetiver grass for sustainable agriculture on adverse soils and climate in South Vietnam. Proc. Fourth International Vetiver Conf. Venezuela, October 2006.

Nguyen Van Hon et al., 2004. Digestibility of nutrient content of Vetiver grass (*Vetiveria zizanioides*) by goats raised in the Mekong Delta, Vietnam.

Nippon Foundation, 2003. From the project 'Enhancing the Sustainability of Cassava-bassed Cropping Systems in Asia', On-farm soil erosion control: Vetiver system on-farm, a participatory approach to enhance sustainable cassava production. Proceedings from International workshop of the 1994-2003 project in SE Asia (Vietnam, Thailand, Indonesia & China).

Pacific Rim Vetiver Network, October 1999. Vetiver Handicrafts in Thailand, practical guidline. Technical Bulletin No. 1999/1. Published by Department of Industrial Promotion of the Royal Thai Gorverment (Office of the Royal Development Projects Board), Bangkok, Thailand. For copies write to: The Secretariat, Office of the Pacific Rim Vetiver Network, c/o Office of the Royal Development Projects Board, 78 Rajdamnem Nok Avenue, Dusit, Bangkok 10200, Thailand (tel.(66-2) 2806193 email: pasiri@mail.rdpb.go.th

Pham H.D. Phuoc, 2002. Using Vetiver to control soil erosion and its effect on growth of cocoa on sloping land. Nong Lam Univ., HCMC, Vietnam.

Pingxiang Liu, Chuntian Zheng, Yincai Lin, Fuhe Luo, Xiaoling Lu, and Deqian Yu (2003): Dynamic state of Nutrient Contents of Vetiver Grass. Proc. Third International Vetiver Conf. China, October 2003.

Tan Van et al. (2002).Report on geo-harzards in 8 coastal provinces of Central Vietnam-current situation, forecast zoning and recommendation of remedial measures. Archive Ministry of Natural Resources and Environment, Hanoi, Vietnam.

Tran Tan Van, Elise Pinners, Paul Truong (2003). Some results of the trial application of Vetiver grass for sand fly, sand flow and river bank erosion control in central Vietnam. Proc. Third International Vetiver Conf. China, October 2003.

Tran Tan Van and Pinners, Elise, 2003. Introduction of Vetiver grass technology (Vetiver system) to protect irrigated, flood prone areas in Central Coastal Vietnam, final report, for the Royal Netherlands Embassy, Hanoi.

Truong, P.N. (1998). Vetiver Grass Technology as a bio-engineering tool for infrastructure protection. Proceedings of North Region Symposium. Queensland Department of Main Roads, Cairns August 1998.

Truong, P.N. and Baker, D.E. (1998). Vetiver Grass System for Environmental Protection. Techinical Bulletin No. 1998/1. Pacific Rim Vetiver Network. Office of the Royal Development Projects Board, Bangkok, Thailand.

Truong, P. and Loch R. (2004). Vetiver System for erosion and sediment control. Proceedings of 13th Int. Soil Conservation Organisation Conference, Brisbane, Australia, July 2004.

www.ingramcontent.com/pod-product-compliance
Lightning Source LLC
Chambersburg PA
CBHW051020180526
45172CB00002B/418